생활 속의 건축 이야기

Understanding
Architecture in our Lives.

생활속의 건축이야기

장정제 · 조영배 · 변대중 지음

건축을 이해하는 것은 바로 우리 삶을 이해하는 것이고 우리가 살아온 바와 앞으로 어떻게 살아가는가를 함께 이해하는 것입니다. 우리 자신과 우리를 둘러싼 세계를 물리적으로 문화적으로 그리고 인문학적으로 이해하는 것입니다. 그 모든 것은 바로 나 자신의 존재를 확립하고 분명히 하는 것입니다. 그것은 우리가 살아가는 과정 그 자체입니다. 그러므로 건축을 한다는 것은 우리가 살아가는 과정 전체를 끊임없이 창조하는 것입니다.

Understanding Architecture In Our Lives.

양산 통도사

우리가 살고 있는 거의 모든 환경은 인간이 스스로 창조한 것이며 처음부터 존재해 왔던 자연 그대로의 것은 거의 없습니다. 거리의 가로수와 공원마저도 인간이 식재하고 조절하고 계획한 것입니다. 그러므로 우리는 항상 자연을 변화시키고 새로운 물리적 구조물을 구축하면서 살아갑니다. 그리고 그 환경에 익숙해지고 우리 자신이 문명인이며 현대기술을 통하여 새로운 세계를 창조한다고 믿고 있습니다. 그러한 기술들은 인간이 세계에 의지를 부여하는 작업들이고 자신이 믿고 있는 세계를 구축하는 과정입니다. 즉 세계는 우리의 모습입니다.

! 우리는 새로운 문명과 도시의 주인이면서 동시에 그 안에서 더욱 자연스럽고 편안하고 인간다운 삶을 요구합니다. 더욱 기계화되고 더욱 장치화되고 더 많은 전자 센서와 건축설비들이 도시를 채워 나가고 우리들의 집안에 많은 전자제품을 들여놓음으로써 더 편리한 삶을 누리고자 합니다. 그러나 우리는 그만큼 더 세밀한 단계와 유형들 그리고 장치가 제시하는 행태들에 익숙해지면서 새로운 삶의 습관과 행동들을 갖게 됩니다. 그 많은 장치들에 익숙하기 때문에 이제 우리는 이 도시를 벗어나서는 자유롭게 선택하고 시간을 누리고 몸으로 움직여 생산하는 삶을 누리기에 불편을 느끼게 되었습니다. 그러면서 이 도시에는 그 모든 편리와 도구가 제공하는 도시적 상황으로부터 벗어나고자 하는 사람들이 생겨났고 도시 안에 자연 공원이 더욱 늘어나고 있습니다. 우리는 자연이라는 것 외에 공원, 녹지, 전원이라는 새로운 유사한 개념들을 만들어냈습니다.

목차

종묘 오래된 기억을 되살리는 담장

2. 도시환경의 건축과 건축공간

우리가 알고 있는 건축물은 우리가 생활하고 경험하고 만지고 보고 듣고 느끼는 것입니다. 그러므로 그렇게 알게 된 건축물은 친숙한 건축물이 되고 그 안에서 자신이 생각하고 느끼는 바대로 움직이고 살아갈 수 있을 때 편안함을 느낍니다. 우리에게 익숙해진다는 것은 낯설고 불편하고 알 수 없는 것으로부터 벗어나 몸과 마음에 더 가까이 다가온다는 것을 의미합니다. 궁극적으로 그러한 익숙하고 편안한 건축물이 우리의 삶을 더욱 안정되고 풍요롭게 할 수 있으며 그것이야말로 인간의 삶에서 가장 필요한 것 중 하나입니다. 우리는 건축과 좀 더 익숙해질 필요가 있습니다. 왜냐 하면 건축은 항상 이루어지고 보고 듣고 느끼고 생각하는 모든 것을 담는 것이기 때문입니다. 그리고 우리 삶을 담고 있기 때문입니다.

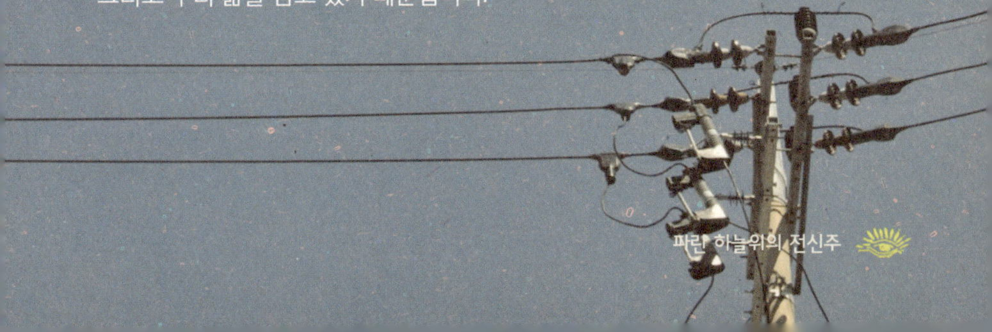

파란 하늘위의 전신주

3. 도시로서 서울의 건축이야기

주변의 많은 건축물들은 나름의 외형과 모습을 가지고 있습니다. 그것은 어떠한 형태를 가지고 있으며 또 세밀한 무늬와 패턴을 지니고 있을 뿐 아니라 매우 다양한 재료들이 서로 만나서 변화를 주기도 하고 전체적으로 하나인 듯 한 통일감을 지닙니다. 어느 것 하나도 단순한 것은 없습니다. 복잡하고 풍부하고 자유롭고 변화무쌍합니다. 건축물은 그렇게 수많은 부분들과 의미들로 짜여진 거대한 구조입니다. 그러한 많은 요소들이 우리에게 감정을 전해주고 새로운 경험과 반응을 불러냅니다. 또한 그러한 반응을 불러낼 수 있을 때 그 건축물은 그 건축물을 경험하는 사람들에게 더 많은 풍요로움과 의미를 만들어내고 또 즐거운 도시를 만들어낼 수 있습니다. 즉 의미를 경험하는 사람과 소통하고 상호작용할 수 있는 건축물만이 더욱 많은 경험을 부여하는 것입니다.

한양대 인근 아파트 단지와 하천

5. 도시의 삶과 건축의 역할

부석사 무량수전 공포

머리말

지금까지 건축을 배우고 이해하면서 아쉬운 것은 건축이 그다지 나의 생활과 가깝지 않았다는 것입니다. 또 나의 부모님과 아내에게 어렵고 힘든 것이라고 여겨진 다는 것입니다. 건축을 생업으로 하는 이들은 그것이 무겁고 힘겨운 짐이며 결과물이고 항상 죽어 있는 무생물의 자재더미로 여겨집니다. 또 그 안에서 살고 있는 사람들에게도 건축물은 자신과 숨쉬는 친근한 대상이 아니며 서로가 어떻게 영향을 미치고 삶을 풍요롭게 하고 혹은 그 반대일 수 있는가를 깨닫기가 쉽지 않습니다. 건축물을 자기 마음대로 디자인하고 물리적으로 구축하고 변경할 수 있는 사람은 그다지 많지 않습니다. 그러나 우리 모두에게 중요한 것은 건축물을 세우는 일 이상으로 그것으로부터 일어나는 일상적인 삶의 모습과 경험이 어떻게 보이는가이며 우리가 살아가면서 느끼게 되는 주변에 건축물이 무엇을 전해주는가 하는 것입니다.

이 책은 매일의 삶에 우리가 느끼는 건축적인 경험들이 무엇인가에 대하여 이야기하고자 하는 책입니다. 그리고 일상의 삶에서 요구하고 우리가 살아가는데 반드시 필요한 것이 건축적으로 어떻게 이해될 수 있는가를 소개하고자 한 책입니다. 실상 우리가 눈을 뜨는 순간부터 보이는 거의 모든 것이 건축의 대상이며 심지어 편안한 잠을 자기 위하여 준비하는 모든 것도 건축적인 것입니다. 우리는 건축을 한다는 것을 매우 멀고 험하고 거칠며 쉽지 않고 힘겨운 과정으로만 생각합니다. 그러나 매일 매일 청소를 하고 가구를 배치하고 고장나거나 부서진 곳을 고치고 마당에 나무를 심는 모든 것들이 건축인 것입니다.

그렇게 우리 주변을 바꾸어 나가는 모든 것들이 우리 삶에서 가장 중요한 일과이며 건축입니다. 그 일과들이 모여서 훌륭한 삶의 모습들을 만들고 우리가 살아간다는 것을 행복하게 느끼도록 합니다. 건축은 그러한 삶의 모습과 관계있습니다. 그것은 우리가 건축을 하는 것이며 우리가 살아가는 모습을 가꾸는 일이고 우리가 존재하고 삶을 누리는 터전과 사랑하는 사람들을 가꾸고 보호하는 일이기도 합니다. 이처럼 건축적인 과정들은 개인의 삶을 위한 노력들입니다. 그러한 노력에 의하여 우리가 경험하고 느끼고 창조하는 환경은 지속적으로 변화하고 그 환경은 우리에게 영향을 미칩니다.

알고 보면, 사실 건축은 항상 있어야 하고 즐거운 삶의 과정입니다. 건축은 거창한 작업이 아니라 참으로 자유롭고 즐거운 매일의 생활입니다. 건축은 모든 재미있는 일들과 마찬가지로 가장 즐겁고 편안하고 행복한 작업이고 살아가면서 경험하고 그 안에서 느끼고 상호작용할 수 있는 것이어야만 합니다. 그것은 건축을 하는 사람들 뿐만 아니라 이 도시에 살고 있는 우리 모두가 우리의 환경에서 행복과 즐거움을 느껴야 하는 이유이고 그렇게 될 수 있는 바탕입니다. 이 책은 건축이 그렇게 즐겁고 재미나고 행복한 것임을 소개하고자 하는 책입니다.

장정제 · 조영배 · 변대중　　2011. 1.

소개

이 책 〈 생활 속의 건축이야기 〉는 건축이 우리들의 삶과 생활에 매우 가깝고 살아가는 모든 환경과 문제들이 건축과 연관되어 있음을 보여주고자 한 책입니다. 또한 이 책을 통하여 행복하고 훌륭한 삶과 가치를 구현하고자 하는 건축의 노력들을 이해할 수 있기를 바랍니다. 그리고 편안히 듣고 느끼고 건축에 익숙하고 친해지기를 바랍니다.

청우 골프클럽 클럽하우스

1. 일상 생활 속의 건축이야기

1장은 우리가 일상 생활에서 경험하는 바를 건축적으로 생각해 보는 것입니다. 누구나 자신이 속한 조직과 사회에서 하루 하루를 살아갑니다. 그러한 삶은 적절하다고 생각되는 장소에서 이루어집니다. 그 곳은 바로 건축이 이루어 놓은 삶의 무대입니다. 그 안에 놓인 가구와 집기, 그리고 그 물건이 놓인 공간과 틈새와 출입구가 모두 건축에 의하여 탄생하는 것입니다.

경복궁 근정전 옆에서

도시와 나

서울은 아주 오래된 전통적인 목조 건축물과 새로운 거대한 빌딩들이 함께 공존합니다. 이 도시 안에는 오래된 것과 새로운 것, 커다란 것과 작은 것, 멋진 것과 소박한 것, 채워진 곳과 비워진 곳, 밀도가 들어찬 곳과 한적한 곳이 함께 공존합니다. 이 도시의 수많은 것들은 보여지는 물리적인 건축물과 보이지 않는 기억, 의미, 느낌들이 어우러져 풍부한 경험을 하도록 도와주는 것들이 많이 있습니다.

고궁의 넓은 뜰은 고즈넉한 시간과 정지된 휴식을 담고 있는 것이 아니라 그 비어 있음이 아니면 가질 수 없는 시간의 무게를 감당하고 있습니다. 지나치게 높고 무겁고 경박한 수많은 건축물과 다르게 차분히 쉬는 듯 힘을 빼고 누워 있는 기와지붕들은 살짝 살짝 끝자락만을 들어 지나치게 무료하고 무감각하지 않게 손을 흔듭니다. 이 안에서는 지나치게 나뉘어진 유리창과 층층이 쌓여 힘겨운 높은 세계와는 다릅니다. 이 세계에는 단지 사계절, 아침, 점심, 저녁, 하루와 일과들이 만들어내는 자연스러운 시간의 흐름이 존재합니다.

우리가 이 도시에서 얻는 모든 경험은 바로 살아가는 내용이 되고 우리가 알고 있는 모든 것은 건축적인 경험이라고 할 수 있습니다. 이 경험은 바로 즐거운 생활을 만들어냅니다. 건축을 하거나 경험하는 것이 즐거운 생활이 될 때 비로소 건축은 우리 삶에서 중요한 역할을 하고 의미있는 것이 될 수 있습니다.

이 안에서의 시간은 결코 넘어설 수 없는 것. 매일 매일 몸부림치고 더 빨리 가야 하고 더 빨리 움직이고 더 멀리 연락하고 더 많은 사람을 만나야 하고 더 많은 물건을 이해하고 담아내고 그 의미를 파악하고 시간 안에 무엇인가를 남겨야 하는 담장 너머 세계와는 다릅니다. 왜냐하면, 그 밀도의 여유로움은 이 안에서 일어나는 일들이 그토록 치열하지도 않았고 걸어서 하나 하나 음미하는 손으로 만들고 인간의 시간이 아니라 본래의 시간으로 만들어진 자연스러운 것이기 때문입니다.

— 덕수궁

건축과 생활

일상으로부터 요구되는 도구와 장소, 작은 공간, 방, 실, 곳 등은 모두 건축의 대상이고 그 안에서 개인이 움직이며 활동하고 특별한 목적으로 행위하는 것을 잘 조정하고 훌륭하게 이루어지도록 하는 모든 작업이 건축입니다. 매일 매일 일어나는 생활은 그러한 건축환경 속에서 이루어집니다. 우리가 움직이고 어딘가를 방문하고 구경하며 물건을 구입하는가 하면 화장실에 가고 잠시 앉아 쉬는 공간까지도 건축을 통하여 이루어집니다. 그것은 대단한 작업일 수도 있고 아닐 수도 있습니다. 단지 편안한 돌을 찾아 앉거나 경사진 길에 발걸음을 옮기기 위한 단을 만드는 것이기도 합니다. 여러분이 보고 있는 아름다운 모든 전경들 … 인공적으로 만들어진 모든 것이 바로 건축의 대상입니다. 여러분도 역시 건축을 하고 있습니다.

그 누구도 건축하지 않는 환경에서 살아갈 수는 없습니다. 살아간다는 적극적인 의지와 긍정적인 도전은 모두 건축적인 결과를 생산합니다. 우리가 스스로의 삶을 가꾸고 가치있고 편안하게 하기 위한 노력이 바로 건축이기 때문입니다. 생활의 질서를 찾는 일도 건축이고 즐거운 행위를 유도하는 것도 건축이며 자신을 더욱 편안하게 만드는 것도 건축입니다. 아주 오래 전부터 인간이 자신을 위하여 동굴을 찾고 그 안에 불을 지피고 쉴 공간을 마련한 순간부터 거의 모든 행위는 생존과 안녕을 위한 건축행위였습니다.

살아간다는 것은 끊임없이 환경을 개척하고 질서를 만들고 원하는 관계를 구축하는 것입니다. 특별히 물리적인 구조물을 형성하지 않더라도 관계를 만들어내는 것 역시도 건축입니다. 나와 또 다른 사람 사이에 공간적인 관계와 거리감을 규정하고 그 사이에 내용을 만들어낼 수도 있습니다. 의자를 놓을 수도 탁자를 놓을 수도 있고 담장을 칠 수도 있으며 길을 놓을 수도 있습니다. 우리는 모두 이 세계에 관계를 만들어내는 이름없는 건축가입니다.

창경궁 문정전

실상 건축물은 그 안에 생활하는 인간의 행위와 문화가 만들어내는 결과입니다. 우리시대의 문화와 사회의 주인이고 이 모든 공간에서 행위하고 감각하고 느끼게 되는 우리 자신은 가장 즐겁고 행복한 생활을 위하여 주변 공간을 의미있게 변화시킵니다. 그러한 과정을 통하여 우리의 삶은 건축물과 매우 중요한 관계를 유지하고 상호작용합니다. 건축물은 우리가 살아가는 배경이고 무대이며 우리가 만들어내는 장소이고 시간이고 이야기가 될 수 있습니다. 우리는 모두 건축을 하고 있습니다. 무엇인가 계속 만들어내고 그 공간을 다른 곳보다 더 의미있게 하고 그 안에 내용을 만들어내며 변화시키고 재생하고 소멸시키고 있습니다.

새로운 구조물을 만들거나 기존의 구조물을 변화시키고 새롭게 합니다. 우리는 진정한 건축에 참여하고 건축적인 생활을 지속하고 있습니다. 이 운동장을 진정 운동장으로 만드는 것은 그 안에서 공을 차고 즐겁게 뛰어 다니는 우리 자신이기 때문입니다. 그 안에 놓인 너른 흙 땅과 기구들이 아닌 우리 모두의 행동이 만들어내는 것이 바로 건축입니다. 그러므로 이 넓은 공간을 준비하는 것도 건축이고 그것을 디자인하고 만들어내는 것도 건축이며 그 안에서 경험하고 사용하는 것도 건축을 하는 것입니다.

즐거운 여행

우리가 하루 하루의 즐거운 삶을 살아간다는 것은 항상 건축적인 환경과 상호작용한다는 것을 의미합니다. 우리는 아주 긴 삶의 여정에서 조금씩 세계를 깨닫고 그 과정에서 자신을 알게 됩니다. 우리가 처해진 삶을 깨닫는 것은 우리 자신을 알아가는 과정입니다.

그리고 그것은 우리가 어디에서 와서 어디로 가고 있는가를 알고 있다는 것 혹은 그것을 찾고 있다는 것을 의미합니다. 우리 주변을 이해하고 익숙해지지 못한다면 우리는 항상 그 환경에서 이방인으로 남게 됩니다. 우리 주변의 건축을 안다는 것은 우리 자신을 세우고 안정된 거처를 얻는 것이며 그 환경과 처한 상황을 아는 것이 됩니다.

삼성동 아이파크

집

우리시대의 집은 전혀 다른 모습을 갖고 있습니다. 높이 솟아 있고 유리로 단단히 둘러싸인 도시의 구조물입니다. 개인은 단단한 경계 안에 자신의 공간을 얻게 됩니다. 실은 그만큼 외부와는 더 큰 공간적 심리적 거리를 가지고 있습니다. 전통적인 주거와는 다른 이 도시의 주거들은 우리가 전혀 다른 삶을 살고 있다는 것을 증명합니다. 매일 아침 우리는 잠에서 깨어납니다.

우리가 잠드는 것은 하루 하루의 일과를 정리하는 것이고 또 다른 하루를 어제와 내일로 구분하는 것입니다. 우리는 몸과 마음에 휴식을 제공하는 것이며 은연중에 자신이 머물고 있는 가장 편안한 공간을 얻는 것입니다. 언제나 자신의 몸과 마음을 돌보고 되돌아 갈 수 있는 곳으로서 나의 집은 바로 나 자신을 쉬게 하는 것 뿐만 아니라 또 하나의 이정표가 되어 줍니다. 우리가 알고 있는 모든 장소와 공간들은 가장 중요한 이정표인 집으로부터 어느 방향으로 있는지 얼마의 거리에 있는지에 따라 먼저 가늠됩니다.

집은 언제 어디서나 길을 되돌아 갈 수 있고 나를 위하여 준비된 곳이며 항상 가장 중요한 자리이고 이 세계에서 변하지 않는 유일한 곳입니다. 그곳은 종종 나의 존재를 감싸주고 돌보아 주시는 부모님이 계신 곳이기도 하고 사랑하는 아내와 귀여운 아이들이 머물고 있는 곳일 수도 있습니다. 그곳은 그러므로 우리가 반드시 돌아가야 하고 그곳에서 머물고 가장 행복할 수 있는 곳입니다.

우리가 알고 있는 집은 우리가 살고 있는 곳이며 우리가 돌아가는 곳이고 우리가 새로운 하루를 시작하고 어딘가로 출발하는 곳입니다. 그리고 그 곳은 항상 목적지이고 언제나 되돌아 와야만 하는 고향이기도 합니다. 가장 안전하고 변화하지 않는 곳입니다. 집은 나의 활동과 인식의 장(長) 내에서 중요한 이정표이고 정박지이고 거점입니다. 이 세계의 중심이고 가능한 범위의 중심입니다.

동시에 나와 내가 알고 있는 사람들과의 관계와 활동과 의미의 중심이고 존재의 중심이 됩니다. 그러한 영역을 우리는 집으로 파악합니다. 우리는 이 세계에 어느 부분들을 특별한 장소라 여기고 있습니다. 그것은 그 장소에서 우리를 가장 우리답게 만들 수 있고 이 세계에서 가장 중요한 곳이라고 마음에 새겨놓은 탓입니다.

그 곳은 고향일 수도 있고 매일 잠드는 자신의 방일 수도 있고 기도를 드리는 성지일 수도 있습니다. 그보다 큰 영역을 갖는 동네일 수도 있고 고향일 수도 있고 서울일 수도 있습니다. 이 서울의 지도가 보여주는 곳이 어느 곳이든 그 곳에는 누구인가가 살고 있고 그 곳에서 장소를 만들며 자신의 영역을 넓히고 있습니다. 그러한 영역이 물리적일 수도 있지만 대부분은 의식적이고 역사적인 그리고 심리적인 장소를 구축합니다.

매일 아침 행복하게 눈뜨는 곳은 그러한 나의 집이고 세계의 모든 대상과 사람들로부터 벗어난 나만의 공간이고 내가 가장 평안하고 마음을 쉬게 할 수 있는 곳입니다. 그렇기 때문에 우리는 모두 자신의 집을 가지기를 원하고 그 안에서 삶을 시작할 수 있고 되돌아 갈 수 있는 이정표를 얻고자 하는 것입니다. 그 이정표는 단순한 공간의 기점이 아니라 시간과 역사와 존재와 의식의 거점입니다.

그래서 항상 같은 곳으로 돌아가 잠을 자고 그곳에서 가족을 이루고 일과를 마치면 가족 모두가 모여 식사를 하는 곳입니다. 내가 어느 곳에서 잠이 든다는 것은 그곳이 바로 아끼는 곳이고 나의 거처이고 안식처이고 피난처이며 휴식처라는 것을 의미합니다. 그리고 그러한 여러 의미들을 충족시키기 위하여 적절한 장치와 요소들을 설치합니다.

모든 가구, 설비, 장치, 전자제품, 위생설비, 건축구조물은 우리의 삶의 편의와 안전 그리고 생활 자체를 위한 도구들입니다. 그리고 그 도구들을 선택하고 설치하고 수리하고 교체하는 것은 건축이기 이전에 자연스러운 생활의 일부입니다.

지금으로부터 그리 멀지 않은 과거에는 모든 사람들이 자신의 집과 집기들을 스스로 만들고 지어야만 했습니다. 우리 주변에는 셀 수없이 많은 도구들로 가득 차 있습니다. 그리고 그 도구들은 새로운 행동방식과 그 방식이 만들어내는 생활의 스타일을 대변하는 것이 되었습니다. 그 물리적 도구와 그 도구를 누리고 사용하는 것이 문화로 여겨지고 있습니다. 새로운 종족인듯이 자신을 그 도구에 익숙하게 만들려고 합니다. 새로운 도구들은 우리가 그 도구를 사용하면서 만들어내는 다양한 습관과 행동들을 유도합니다. 그러한 지속적인 행동들은 우리 생활의 패턴들을 만들어내고 그 패턴들은 매일 매일 반복하는 중요한 일과로서 받아들여집니다.

아주 오래 전, 그때에는 지금처럼 복잡한 형태의 건축물이나 장치들 그리고 다양한 가구들조차 없었던 때입니다. 그러한 다양한 도구들이 생겨남으로써 우리의 삶은 풍요로워짐과 동시에 매우 복잡해졌습니다. 그 복잡함은 우리가 들어보지 못하고 전혀 상상하지 못했던 물건과 생활방식 그리고 여러 습관과 태도들을 낳았습니다. 우리 주변에는 하늘 높이 오르는 거대한 주거들도 생겨났습니다. 이 도시는 상상 속의 신세계를 구현하는 것으로 여겨지기도 합니다.

도곡동
초고층 주거

강남대로

도시 vs 과거의 정착지

이 곳은 거대한 신세계입니다. 지난 수십년간 이 나라에 존재하지 않았던 장소들의 연속이고 그 안에서 보지 못했던 공간과 기구, 장치들의 도시입니다. 그리고 더 이상 들어설 수 없을 만큼 과밀한 곳이 되고 있습니다. 이 안에서 우리는 지금까지와는 다른 세계를 계속 만들어내고 있고 집이라고 부르는 자신의 공간을 유지하고자 노력합니다. 그러면서 지난 수천년 동안 인간이 살아온 환경과는 다른 주거를 가지게 되었습니다. 이 곳에는 마을도 이웃도 친척도 뒷산도 우물도 없는 전혀 다른 곳이 되었습니다.

그러한 문화적이고 심리적인 거점들은 다른 네트워크에 녹아 사라지고 있습니다. 오로지 시, 구, 동, 번지만이 존재합니다. 그리고 점점 더 많은 곳이 그러한 이름조차 잃어가고 있습니다. OOO 동 OOO 호로 불리는 곳에 살게 되었습니다. 그러면서 대부분의 도시 내 거처는 자신의 삶과 시간과 존재를 이어주는 일정한 영역이 아니라 잠을 자고 자식을 부양하고 거대한 도시의 밀도와 시간에서 벗어나 쉴 수 있는 도피처가 되고 있습니다.

전통적으로 그리고 여전히 도시를 벗어난 나의 집은 마당과 이웃과 그리고 골목을 지나 밭을 만나고 그 밭두렁을 지나 물길을 만나고 물길 옆 논두렁에 오르고 그 곳에서 일을 마치면 새참을 먹고 마을 어귀에는 모두가 모이는 우물이나 정자가 있는 곳이 바로 내가 살고 있는 거처이고 거주지이고 정주지이고 살아가는 무대가 됩니다. 이 곳의 모든 곳, 구석구석이 마을 사람들에게 중요한 곳이고 기억에 남겨지고 연속된 전체 공간이 됩니다. 이 마을에 사는 모든 사림은 동네 사람이고 걸어서 갈 수 있는 곳은 모두 우리 동네입니다. 내가 누구인지 나의 아버지와 나의 조상과 나의 집과 나의 삶이 어떠한지 스스로 지키거나 밝히지 않고 모두가 알고 있는 이 곳은 유기적인 관계의 삶의 터전입니다. 그러므로 이 안에서 나의 존재와 의미는 공유되고 보장받게 됩니다.

이렇게 연속된 세계는 보이는 곳 끝까지 닿아 있고 그 안에 심리적이고 시간적인 마음의 지도를 얻게 됩니다. 보이지 않는 곳, 어렵게 닿는 곳, 산을 넘어 가는 곳은 이 곳과는 다른 먼 곳, 혹은 다른 마을입니다. 전통적으로 규정되는 삶의 공간에서 나는 이 전체의 주인이고 동시에 이 세계의 일부입니다. 나의 존재는 당연히 이 안에서 중요한 것이고 확인받을 수 있습니다. 이러한 세계는 도시와는 전혀 다른 세계였습니다. 우리 자신이 삶을 유지하고 가장 안정적인 정신적인 세계를 만들어 왔던 물리적인 경계들은 바로 이러한 전통적인 연속적인 공간에서 유지되어 왔습니다. 존재는 그러한 안정된 터전을 원하지만 도시는 그와는 다른 환경을 요구합니다. 그러한 간격은 인간이 요구하는 바와 필요로 하는 바 그리고 삶의 가치를 무엇에 두는가에 따라서 변화하게 될 것입니다.

하외마을

거처

어떤 사람에게는 파란 하늘과 흐르는 구름이 자신의 지붕이라 여기기도 합니다. 우리에게 집은 그처럼 자신이 생각하고 머물 곳이 어느 곳이고 어디에 남겨져 있고 자신이 어디로 가는 것이며 또 어떻게 살아야 하는가를 여실히 보여줍니다. 집은 단지 자신이 생각하기 나름이라 여길 수도 있습니다. 그러나 대부분의 사람들은 자신이 돌아갈 곳을 안전하게 얻기를 바랍니다. 그 곳에서 자신의 삶을 누리고 싶어 합니다.

그러므로 집은 하나의 물리적 실체를 지님으로써 더욱 견고한 의미를 지닙니다. 반듯한 지붕과 튼튼한 기둥, 나를 감싸고 바람을 막아줄 매끈한 벽을 둘러 집을 만들고 그 안에 소중한 것을 보관합니다. 먹을 것, 입을 것 그리고 소중한 것을 담아 두는 곳이 집입니다. 어디든 찌를 듯 솟아 있는 탑들, 병풍처럼 들러선 상자들이 우리가 살고 있는 집입니다. 그곳은 지붕도, 기둥도, 벽도, 마당도 없는 단지 구조물들입니다. 그래서 집은 소중한 거처이지만 그 안에 자신이 창조한 삶을 담기에는 왠인지 비좁아 보입니다. 어떤 사람들에게 이 세계는 매우 단단하고 무겁고 생기없는 아파트와 주상복합, 오피스텔과 같습니다. 그렇기 때문에 화초를 키우고 장식하고 창을 내고 전망을 요구합니다.

한강 둔치공원

매일 반복되는 삶을 떠날 수 있는 곳은 이 도시 안에 어디에도 없어 보입니다. 그러므로 직장으로부터 매일의 스케줄로부터 일과의 반복으로부터 끊임없이 걸려 오는 전화기 벨소리로부터 무료한 일상의 반복으로부터 벗어나 자신만의 것을 가꾸어 줄 공간을 찾고자 합니다. 이 세계는 이미 누군가에 의하여 만들어져 있고 우리는 단지 그곳을 빌리거나 구입하는 것입니다. 또 언제인가는 다른 집과 가게 혹은 사무실을 빌리거나 구입하고 지금 사는 곳은 다른 이에게 자리를 내어 줄 것입니다. 그렇게 되는 다른 누군가가 우리가 동일한 공간에서 자신의 삶을 유지할 것입니다.

살아간다는 것은 누구에게나 의미를 부여합니다. 그 의미는 우리가 끊임없이 느끼고 생각하고 무엇인가를 바라고 슬퍼하고 힘들어하고 후회하는 무엇인가를 낳음으로써 재생산됩니다. 우리는 어찌 되었건 어떠한 환경에서든 자신의 거처에 대한 의미를 생산합니다. 건축은 그러한 의미와 가장 가까운 작업입니다. 매일 매일 느끼고 경험하고 자신이 살아가는 바로 그 배경이 바로 건축이고 개인의 거처입니다. 다만 우리는 그 내용을 다르게 채워갈 뿐입니다. 생활한다는 것과 건축한다는 것은 그러므로 살아있는 누구나 지속하는 중요한 과정입니다.

성수대교 위에서 바라본 거대한 아파트 단지

Vincent Van Gogh. Starry night Rhone. 1888.

고흐의 그림에 잠들어 있는 것은 조용한 론 강 위에 비친 별의 흔적이고 그것은 밤이 갖는 몽환적 이미지입니다. 심리적으로 긴장된 비밀은 밤의 에너지를 가득 담고 있습니다. 고흐에게 밤은 매우 현란하고 두려운 것이었음에 틀림이 없습니다. 그리고 이 세계는 그가 느끼는 세계이고 그를 둘러싼 외부입니다. 고흐에게나 우리들에게나 밤은 일상에서 매일 다가오는 것이지만 그 안에 나름의 시간과 감성을 담고 있습니다. 수천년간 밤은 거처가 보호받게 하는 시간의 경계였습니다. 두려움이고 미지이고 신비이고 마술적 힘이기도 했습니다.

우리는 매일 깊은 잠을 자며 밤을 건너게 됩니다. 밤은 매우 고요하고 안정되게 하며 어둡고 무거우며 경외의 대상이기도 하고 휴식과 정지를 의미하기도 합니다. 밤을 통하여 거의 모든 신비스럽거나 무서운 그리고 어두운 이야기들이 생겨났습니다. 잠을 청한다는 것은 그 시간을 넘어서 새로운 하루를 맞이하는 것으로 여겨졌습니다.

그것은 오래된 인간의 의식 속에 잠재한 많은 비밀들이고 그 비밀은 은밀한 천재들과 신령스러운 사람들만이 소유할 수 있다고 보았습니다. 그 밤을 넘어서 매일 일상으로 돌아오는 것은 어떤 사람들에게는 힘겨운 짐이기도 하고 또 다른 사람에게는 기쁘고 기대되는 일이기도 합니다. 그러므로 개인에게 서로 다른 일상과 그 일상을 보내는 거처의 의미가 다르게 나타납니다. 푹신한 침대이거나 마루바닥이거나 이불을 깔았거나 우리가 잠드는 곳은 가장 아늑한 곳입니다.

Vincent Van Gogh. Bedroom. 1888.

몸을 뉘이고 피곤에 지친 세포들과 무거운 근육들을 하나 둘 내려 놓고 푹신함이나 따스함, 포근함, 부드러운 천의 촉감, 혹은 시원한 바람, 온기, 까슬한 시트를 느끼게 됩니다. 매우 현란한 무늬가 화려하게 그려진 이불일 수도 있고 단순한 모양일 수도 있습니다. 적어도 발을 뻗고 누울 수 있고 뒤척이더라도 불편하지 않은 여유만 된다면 충분할 수도 있습니다. 창 밖으로 경치가보이면 더욱 좋고 밤마다 별을 볼 수 있다면 색다를 수도 있겠습니다. 그렇게 해서 우리는 우리가 느끼는 자신만의 공간을 얻고자 하고 꾸미고자 하고 만들고 싶어 합니다. 그것이 프라이버시이든 취향이든 상관없습니다. 우리는 모두 다른 사람이고 자신이 바라보고 느끼는 세계가 있습니다. 그리고 그 전체는 서로 다른 색을 가지고 있습니다. 그러나 건축은 그 다른 것에만 주의해서는 안됩니다. 그러한 차이 가운데 반드시 지켜져야 할 것이 있고 그것은 건축을 더욱 의미있게 만드는 요소이기도 합니다.

사람마다 나름의 생각이 있고 그 생각은 다른 행동양식을 만들어냅니다. 오늘날 우리는 모두가 서로 다르다는 것을 인정하고 있고 이 사람들 모두는 각자의 존엄성을 인정받고 있고 그 개별성이 어느 때보다도 중요시 되고 있습니다. 그러나 건축물은 개개인에게 맞추어 생산하기에 쉽지 않습니다. 건축물을구성하는 대부분의 부재들은 일정한 치수를 맞추어 생산되는 표준화된 제품들이기 때문입니다. 그러한 표준은 커다란 오류를 막는 수단이기도 합니다.

침실

우리는 편안하고 멋진 침대에서 잠들기를 원합니다. 그 편안한 휴식은 하루 하루의 원동력이고 여유롭고 안정된 삶의 모습이기도 합니다. 거의 모든 사적이고 개인적인 생활은 아침나절 침실에서부터 시작됩니다. 잠을 깨고부터 자신의 하루 일과를 시작하는 순간 우리의 생활이 시작됩니다. 그러므로 침실은 개개인이 자신만을 남겨둘 수 있는 매우 사적인 공간입니다. 침실은 정적이며 거실, 현관, 주방 등과는 달리 독립적일 수 있어야 합니다.

하루 중 6시간 이상 잠을 자고 텔레비젼를 보거나 개인적인 일과 사고, 휴식, 취미, 여유를 즐기는 공간으로 침실을 사용하는 대부분의 사람들은 침실은 단순히 잠이 든다는 것 이상의 의미를 가지고 있습니다. 그러므로 침실은 개인의 삶을 유지하는 매우 중요한 근거지이며 정박지입니다. 그곳으로부터 거의 모든 삶의 활동이 시작되며 그곳으로부터 하루의 여정이 시작됩니다. 매일 매일 똑 같이 잠이 들고 다시 그 곳을 나서는 일이 이어집니다. 우리는 마치 정해진 것처럼 자신의 집으로 되돌아옵니다. 그러한 변하지 않는 정점에서 안정된 삶을 충전하고 누리게 됩니다.

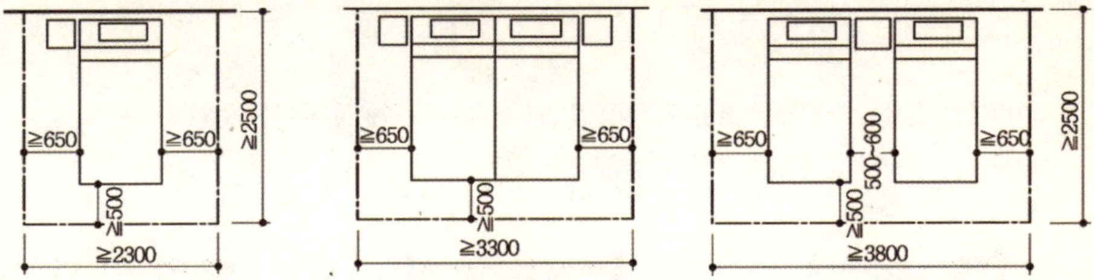

침실에 침대를 놓을 경우 그리고 혼자이거나 부부이거나 적절한 공간을 요구합니다. 그리고 개개인에 따라 다르게 배치할 수 있습니다. 부부침실은 사적인 영역으로 독립성이 확보되어야 합니다. 잠자리 뿐만 아니라 개인의 옷을 보관해야 하고 화장하고 독서하고 휴식하고 다양한 놀이를 하고 이야기하고 옷을 갈아 입고 중요한 물건을 보관하기도 합니다.

노인의 침실은 다른 가족 침실보다는 더욱 조용하고 빛이 잘 드는 곳이 좋습니다. 그리고 아이들과 가깝게 함으로써 서로간에 이동이 자유롭고 정원이나 화장실에 접근하기에 편리한 것이 좋습니다. 침대의 크기는 누구나 클수록 좋다고 생각하지만 자신의 침실에 적절한 크기가 바람직합니다. 침실의 크기는 마음의 편안함과 더 관련이 깊습니다. 몸을 펴고 자유롭게 움직일 수 있으며 책을 보거나 기대어 앉아 텔레비젼을 보고 사랑하는 사람과 편히 기댈 수 있다면 충분합니다. 종종 우리는 커다란 침대를 가지고 그곳에서 휴식을 취하기를 기대합니다. 우리가 사용하는 침대는 크기에 따라서 여러 종류가 있습니다.

분류	폭 mm	길이 mm
싱글베드 single bed	900~1,000	1,950~2,000
트윈베드 twin bed	1,000~1,100	1,950~2,000
세미더블베드 semidouble bed	1,200~1,300	1,950~2,000
더블베드 double bed	1,350~1,450	1,950~2,000
퀸 베드 queen bed	1,500	1,950~2,000
킹 베드 king bed	2,000	1,950~2,000

여러분의 침실은 어떠한 모습을 가지고 있습니까 그리고 다른 실들과는 어떻게 놓여 있습니까 그리고 어떠한 공간을 가지고 싶습니까

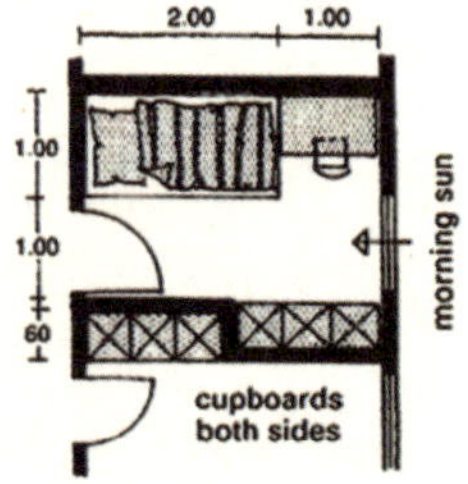

아이들을 위한 작은 침실

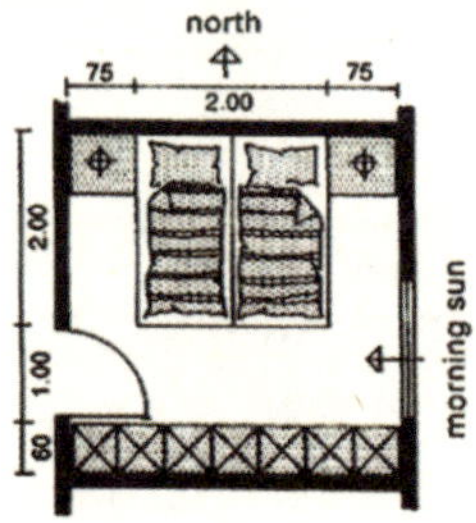

기본적인 침실의 배치

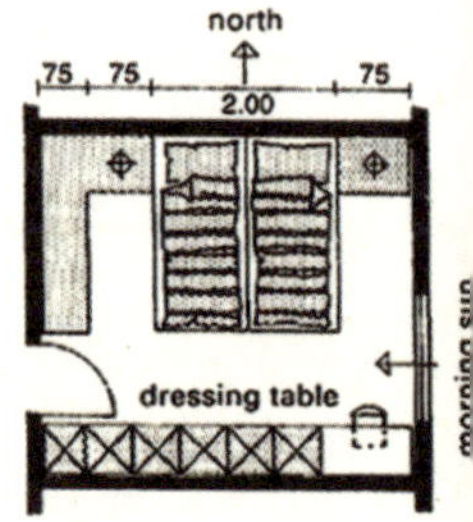

가구와 옷장이 있는 침실의 배치

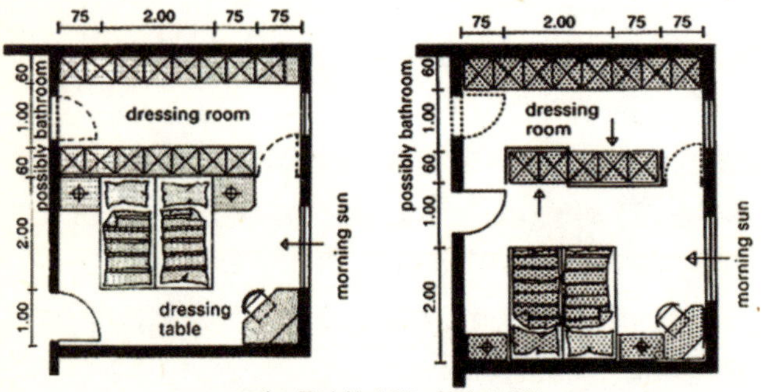

드레스 룸이 함께 있는 침실의 배치

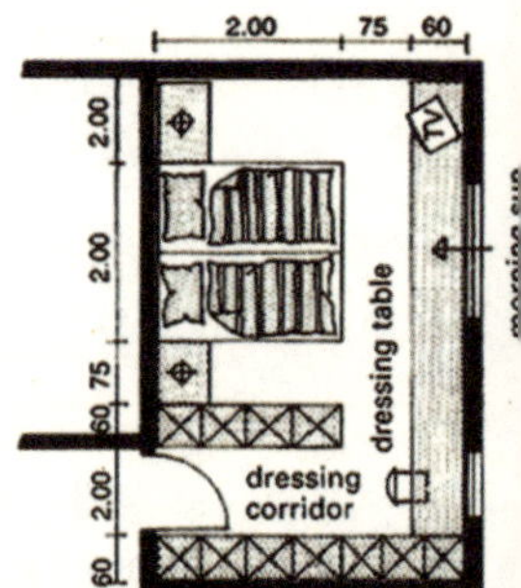

복도형의 드레스 룸이 있는 침실의 배치

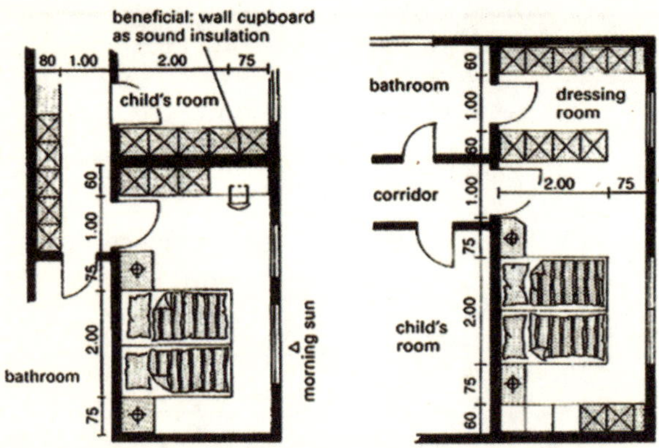

독립된 드레스 룸과 화장실이 인접해 있는 침실의 배치

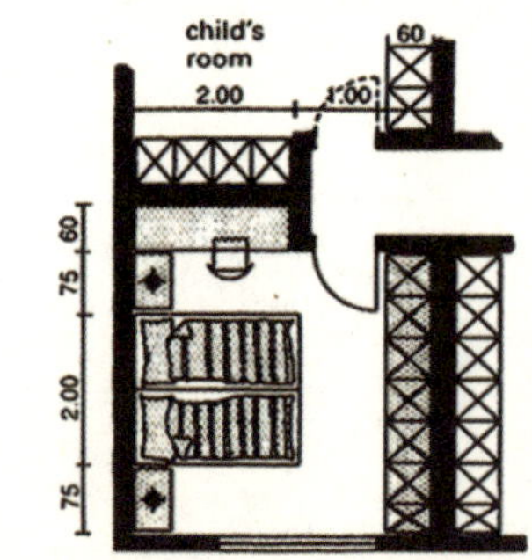

드레스 룸과 아이들 방이 인접한 침실의 배치

Bedroom

침실을 꾸미는 것은 매우 은밀하고 소중한 자신만의 공간을 꾸미는 것이고 자신의 삶을 꾸미는 것으로 여겨집니다. 또 그 공간은 자신만의 공간이며 그 공간의 감정은 그 어떤 외부의 여건과도 상관 없이 자신을 가장 편안하고 행복하게 해 줄 수 있어야 합니다. 왜냐하면 그 안에서 이루어지는 일들은 개인의 습관과 생활문화를 만들어내기 때문입니다.

침실은 잠을 자는 곳이 아니라 외부의 복잡하고 밀도 높고 빠르기만 한 세계로부터 벗어나 자신만의 여유를 얻는 곳입니다. 그리고 가장 사랑하는 사람과 가장 편안하게 머물 수 있는 곳입니다. 그렇게 하면서 자신의 호흡과 심리적인 리듬을 되찾고 원래의 모습을 얻는 것입니다. 휴식은 몸을 회복시키고 의식과 감각을 원래대로 돌려 주는 것입니다.

Bedroom (one's room)
누군가의 공간

침실의 공간은 개인이 갖는 다양한 취미생활을 가능하게 하는 공간입니다. 책을 읽거나 그림을 그리거나 요가를 하거나 무엇을 만들거나 자신을 위하여 가능한 그 무엇을 할 수 있는 공간일 수록 더욱 개인의 공간으로서 창조적인 의미를 지닐 수 있습니다. 그리고 자신만의 은밀한 것을 할 수 있는 가장 편안한 공간입니다.

침실은 사실상 한 개인의 육체적 심리적 정신적으로 독립된 공간으로서 더욱 의미가 있습니다.
그 공간을 소유하는 개인이 부부이거나 노부부, 아이들과 같이 공통의 삶을 유지하지 않는 경우
여러 사람이 하나의 침실을 공유하는 것은 개인의 성장과 삶에 영향을 미칩니다.

침대를 침실에 배치하는 것은 방의 크기와 창과 문의 위치에 따라 다릅니다. 일반적으로 문과는 충분히 거리를 두는 것이 외기의 직접적인 접촉을 막고 상대적인 거리감으로 침대에 누워있는 경우 안정감을 얻을 수 있습니다. 그리고 창문은 측면이나 발 아래쪽에 있도록 함으로써 아침 저녁으로 낮은 직사광선과 창문을 열어 두었을 때 얼마간의 거리를 둠으로써 수면이나 휴식이 방해받지 않는 것이 유리합니다.

테이블이나 책상을 함께 두는 경우에도 창문과 출입구에 방해받지 않도록 하는 것이 좋습니다. 오랫 동안 침대에 누워 있어야 하는 노약자이거나 책상에 오래 앉아서 공부를 하는 학생의 경우 침대와 책상의 배치는 매우 중요합니다.

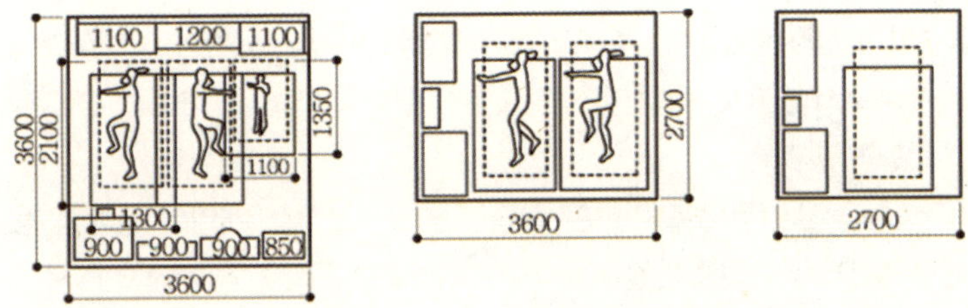

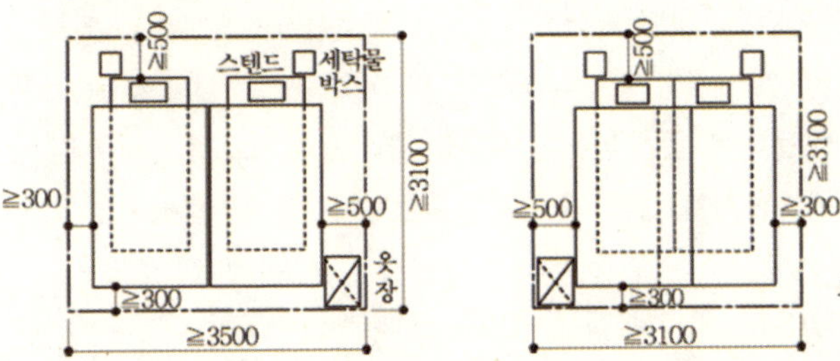

요와 이불의 사용과 치수

침대를 사용하지 않고 온돌방에 요와 이불을 사용하는 사람들도 있습니다. 그런 경우 요와 이불을 접어 한 켠에 정리할 경우 침실을 다른 용도로 활용할 수 있다는데 장점이 있습니다. 우리나라의 전통적인 주거형식은 이와 같은 요와 이불을 사용하는 형식입니다. 그러므로 대부분의 공간은 분명한 용도가 정해져 있다기 보다는 여러 용도로 사용될 수 있습니다.

침실의 크기는 침실을 사용하는 개인이 쾌적한 취침을 할 수 있는 최소한의 공간적을 고려함으로써 얻어집니다. 어른은 취침 중 $0.02m^3/h$의 탄산가스(탄산가스의 함유량은 공기오염의 척도가 됩니다.)나 유해물을 배출하여 실내의 공기를 오염시키게 됩니다. 그러므로 취침 중에 꾸준히 환기를 할 수 있는 설비 혹은 자연환기를 고려해야만 합니다. 신선한 공기를 마시기 위해서 보통 어른 한 사람이 잠을 자는 동안에 시간당 $50m^3/h$의 새로운 공기를 확보할 필요가 있습니다. 그러므로 실내의 천장높이가 일반적으로 2.2~2.6m인 것을 감안하면 환기구, 난간 등을 만들어 외기를 들일 수 있는 자연환기가 반드시 필요합니다. 어른 1인당 소요 공기량은 $50m^3/h$(어린이는 1/2)이고 실내의 자연환기횟수를 시간당 2회로 가정하면 실의 최저 소요 공간의 크기를 계산할 수 있습니다.

1인용 침실은 $25m^3$, 2인용 침실은 $50m^3$의 공간의 크기가 요구됩니다. 그렇다면 천장높이를 2.5m라고 하면 1인용 침실의 면적은 $10m^2$(약 3.0평), 2인용 침실은 $20m^2$(6.0평)의 넓이가 필요하게 됩니다. 그리고 아동의 경우는 그보다 절반이 요구됩니다.

일반적으로 이러한 산술적인 요구보다는 개인의 경제적 능력에 따라 침실의 크기와 형태가 결정됩니다. 그러므로 그러한 상황에서 가능한 방법은 자연환기가 가능한 개구부를 확보하는 것입니다. 방문이나 창문을 통하여 외부의 공기를 끌어들일 수 있어야만 합니다. 그러나 머리쪽으로 창을 두는 것은 바람직하지 않으며 창을 둔다면 창을 높이 설치하여 휴식에 방해되지 않아야 합니다. 또 실내의 급격한 온도변화를 막기 위하여 이중창이나 커튼을 설치하는 것이 좋습니다.

침대를 둘 경우 침대 머리는 외벽에 면하도록 하는 것이 좋고 누운 채로 출입구를 확인할 수 있고 방문은 안쪽으로 열리게 하는 것이 좋습니다. 그러나 외부에서 침대공간을 들여다 보이지 않도록 하는 것이 좋습니다. 침대를 둔다면 침대 양쪽으로 750 정도의 폭으로 이동하거나 활동할 수 있는 공간의 여유를 두는 것이 바람직합니다. 또 침대 발치쪽은 900 이상의 여유를 둡니다.

침실은 그 은밀함과 비밀스러움 그리고 화려함과 애절함 그보다 더한 신비함의 이미지와 신화를 가지고 있습니다. 그러므로 어느 곳보다 독립적이며 개인적인 공간이기도 합니다. 우리는 모두 잠을 잡니다. 그러나 모두 훌륭한 잠자리를 갖는 것은 아닙니다. 잠을 잔다는 것은 단지 모든 것을 멈추고 눈을 감는 것이 아닙니다. 우리가 알고 있는 것, 느끼는 것, 감각하는 것, 생각하는 것 모두를 잠시 되돌려 가장 편안한 나를 매일 매일 회복시키는 과정입니다.

잠을 잔다는 것은 하루의 휴식과 함께 모든 것으로부터 벗어나는 자유를 얻는 것입니다. 나의 몸과 마음에 누적된 피로와 스트레스를 털어내고 온전한 자신으로 되돌리는 곳입니다. 그러므로 침실은 심리적으로 저해요소를 배제하도록 합니다. 침대가 놓여 있다는 것은 편안함을 상징하고 무의식중에 지켜져야 하고 외부로부터 보호받아야 한다고 여기게 합니다. 모든 사람에게 침실은 그만큼 중요한 곳입니다.

전통과 현재

그러나 모든 사람이 침대를 사용하는 것은 아닙니다. 침대를 사용한다는 것은 개별적인 공간을 가질 수 있다는 것이고 또 방문을 꼭 걸어 잠그고 자신만의 활동과 프라이버시를 얻을 수 있는 집을 가지고 있어야만 합니다. 그러한 집은 대부분이 최근에 나타난 서양식 주거문화에 기반하고 있습니다. 우리가 쓰고 있는 식탁, 쇼파, 침대, 테이블, 책상 등 대부분이 모두 그렇습니다. 우리가 입식 주거문화라고 부르는 것은 전통문화와는 다르게 보이는 것이 사실입니다.

전통적인 주거의 방식은 하나 하나의 실이 분리되어 있으나 공간적으로 폐쇄적이거나 독립적이거나 분리되지 않습니다. 또한 입식이 아닌 좌식생활에 적절한 가구와 문턱, 창호를 가지고 있습니다. 오늘날 입식에 적절하게 개선하여 사용되기도 하지만 한옥은 외기에 직접적으로 노출되어 있는 남방형 주거입니다.

궁극적으로 전통이라고 하는 것은 한 문화를 다른 문화와 구분할 수 있는 뿌리를 의미하고 그 뿌리로부터 생겨나는 믿음이고 가치입니다. 따라서 전통은 그 오랜 역사와 가치를 함께 존중할 수 있을 때 가능한 문화입니다. 우리가 전통이라고 하는 것은 물리적 실체와 함께 정신적인 유산을 일컫기 때문입니다.

운현궁

Tradition

우리가 전통적이라고 하는 것은 우리 문화가 아주 오랫 동안 만들어 왔던 삶의 방식에 가장 적절하고 그 문화 전체를 담고 있다는 것을 의미합니다. 예로부터 전해받아서 지켜지고 귀중하게 여기고 있는 생활의 의미를 담고 있습니다. 전통은 종종 현대적이라는 것과 대립적으로 여겨지지만 실제로 두 말은 결코 대립적인 의미가 아닙니다.

창덕궁 낙선재

동시대의 도시

우리가 찾아가는 공간들은 지난 몇년 동안 매 번 다른 모습으로 존재해 왔거나 다른 가게이거나 새로운 건축물이거나 주인이 바뀌고 그 곳을 찾는 사람들이 변화하고 있습니다. 그러므로 어느 곳도 고정된 시간과 모습으로 남겨질 수는 없습니다. 이 도시 안에서 어떠한 방식으로든 변화하고 변화하는 곳만이 유용한 곳입니다. 그리고 그 안에서 우리의 삶 역시 영향을 받고 변화하고 있습니다.

우리는 삶의 여러 가지 방법들을 고안하고자 합니다. 그리고 그 고안된 결과로서 건축적인 대상들을 실현하고자 합니다. 건축은 더욱 편리하고 아름답고 튼튼한 것을 원하고 있습니다. 건축적인 대상은 항상 안전해야만 하며 그렇기 때문에 튼튼하고 충분한 수명을 지니고 있어야 합니다. 그렇게 보자면 건축물은 매우 오랫 동안 남아있어야 합니다. 그러나 현대의 건축물은 매우 튼튼한 재료들로 지어지지만 경제적인 이유로, 안전상의 이유로, 형태적인 문제로 혹은 다른 여러 가지 이유로 인하여 쉽게 허물고 다시 지어집니다.

생각해 보면, 우리 주변의 모든 건축물은 그리 오래된 것이 아닙니다. 우리 주변에 서있는 건축물들은 채 30년이 넘어서지 않았고 우리가 매일 반복하고 있는 생활의 모습도 그다지 오래된 것이 아닙니다. 매일 매일 새로이 생겨나는 건축물들은 우리가 지금 이 세계를 부단히 바꾸고 새로이 만들어 내고 있으며 그 안에서 살고 있는 우리 생활을 급격히 변화시키고 있다는 것을 보여줍니다. 그 안에서 전통적인 것을 찾아내는 것은 너무나 힘들어졌으며 점점 새로운 것이 도시를 채워가고 있습니다. 그것은 우리가 살고 있는 집에서도 마찬가지입니다.

Contemporary

유용한 곳들은 매우 특별한 흐름을 만들어 내고 그 흐름은 하나의 통로가 됩니다. 혹은 이미 생산된 통로를 통하여 거대한 물적 흐름과 인적 흐름이 만들어집니다. 그 안에서 변화하지 않는 것이 아주 오랫 동안 남아 있게 될 것이며 그것이 매우 가치있고 오랜 시간 동안 의미를 지니게 된다면 머지 않아 새로운 전통으로 남겨질 것입니다. 실제로 전통은 아주 천천히 변화하고 있습니다.

전통 마저도 고정되어 변화하지 않는다면 결코 훌륭하고 가치있는 것으로 남을 수 없기 때문입니다. 우리시대의 건축물과 공간은 그렇게 해서 새롭게 변화해 왔습니다. 그러한 변화의 누적이 역사를 만들고 전통을 만들어 냅니다.

출입문

Door

문

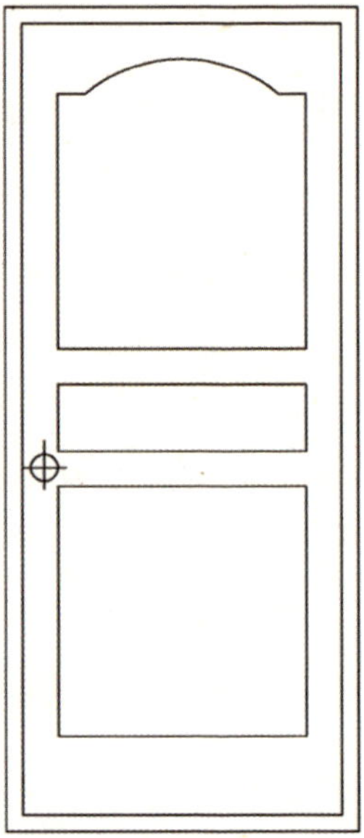

아침마다 눈을 비비고 일어나 침대에 앉고 보면 물컹거리는 시트까지의 높이가 느껴집니다. 이 높이는 침대마다 다르겠으나 대부분이 500mm 이상입니다. 그러다가 벌떡 일어나 무의식 중에 방문 손잡이를 잡아 문을 열게 됩니다. 그 방문은 여러 모양을 가지고 있습니다. 나무로 짜여지는 실내 목재문짝은 대부분이 폭 900mm*에 높이 2000~2100입니다. 그리고 손잡이는 바닥으로부터 1000 정도에 설치됩니다. 그 높이는 일반 성인들이 손잡이를 잡고 열기에 편리한 위치입니다.

서로 다른 영역들이 연결되는 문을 포함하여 열려 있는 여러 공간들 즉, 개구부는 점진적으로 변화하는 공간의 효과에 영향을 미칩니다. 또 그러한 개구부의 폭과 높이는 상대적으로 다른 이미지와 효과를 만들어냅니다. 상대적으로 낮은 출입구를 갖는 것 보다는 오히려 벽체에서 바닥에서 천장까지 이른 높은 출입구가 개방감과 시야를 확보합니다. 좁게 열린 개구부는 또한 넓은 넓은 벽면이나 폭이 큰 출입구에 대하여 상대적으로 변화하는 이미지를 만들어 낼 수도 있습니다. 그러한 창과 출입구, 구조물의 사이 간격은 영역의 용도와 이미지를 변화시키고 그 영역이 내향적인지 외향적인지 혹은 열려 있는지 폐쇄적인지 사적 공간인지 공용 공간인지를 표현할 수도 있습니다.

* 거의 모든 건축 치수의 단위는 mm입니다. 단위가 쓰여지지 않은 수치들은 모두 mm 단위입니다.

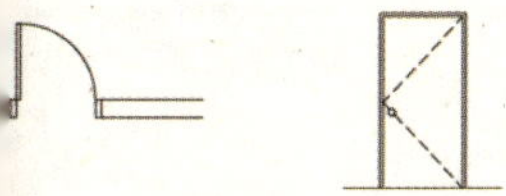
여닫이문

쌍여닫이문

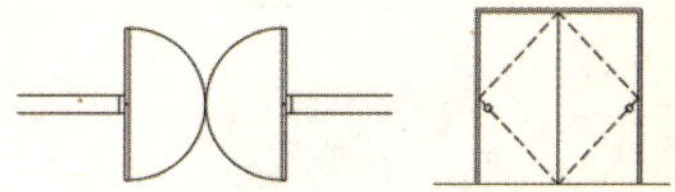
자재문

미닫이 문

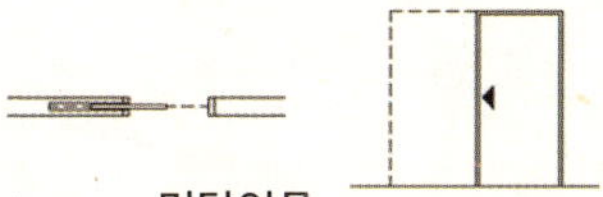
미닫이문

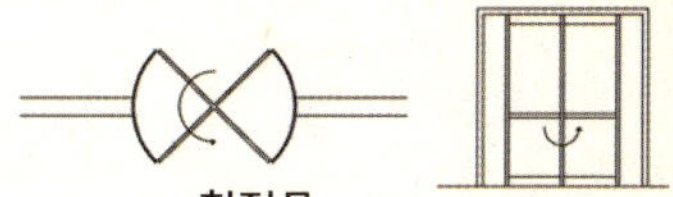
회전문

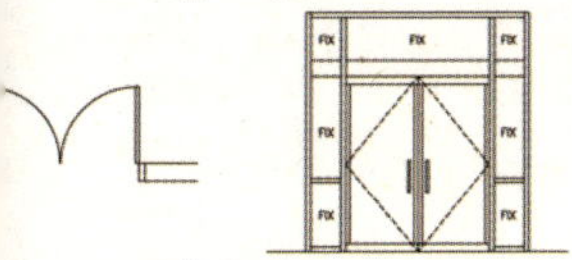
강화유리문

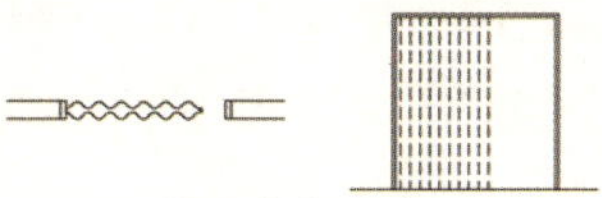
아코디언 도어

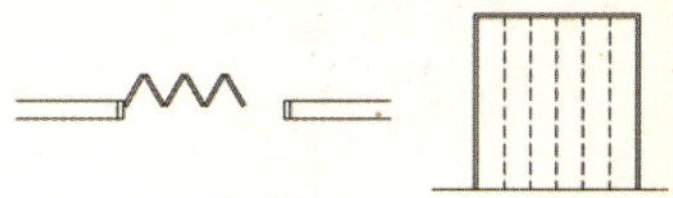
접이문

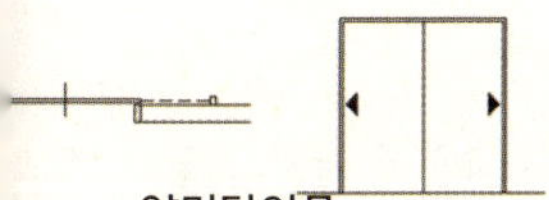
양미닫이문

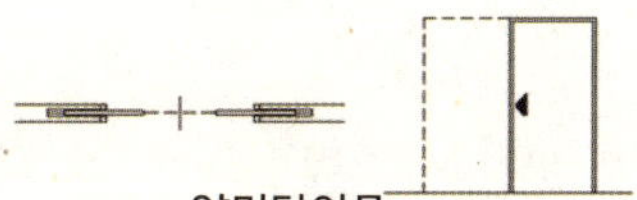
양미닫이문

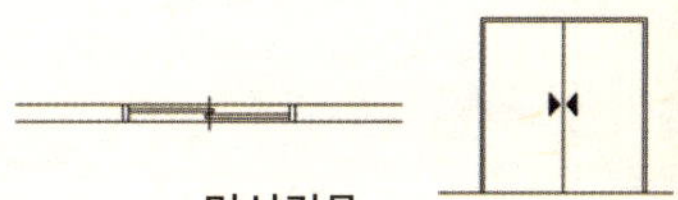
미서기문

고정창

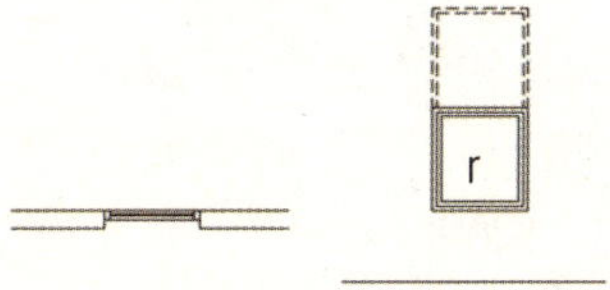
오르내리창

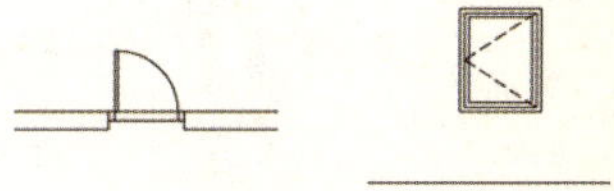
여닫이창

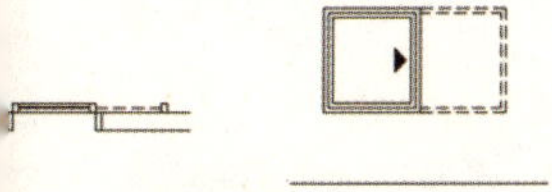
미닫이창

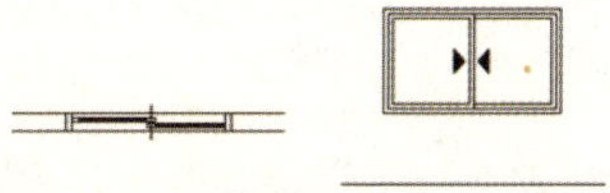
미서기창

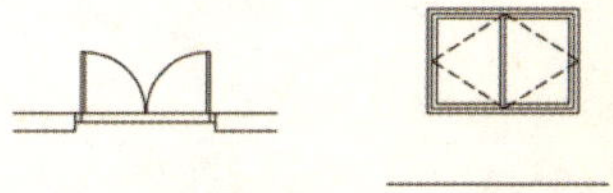
양여닫이창

프로젝트창

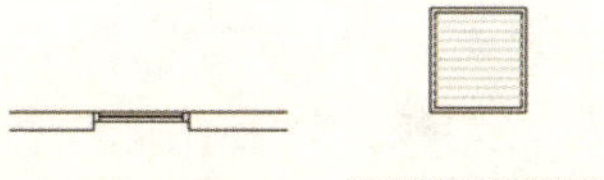
그릴창

회전창

거실의 전망창과 발코니

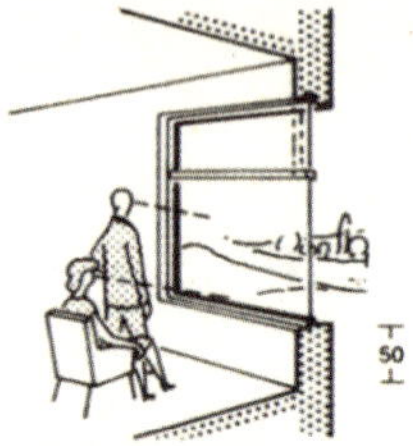

거실의 전망창

일반적인 공간의 창

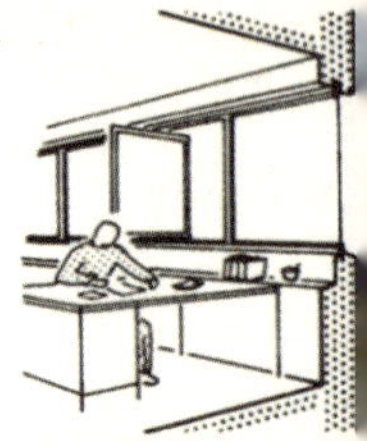

작업 및 사무 공간의 창

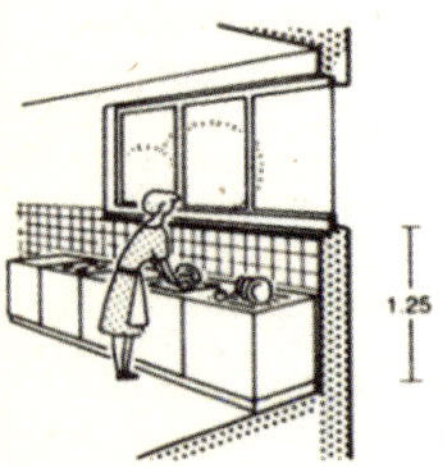

주방의 창

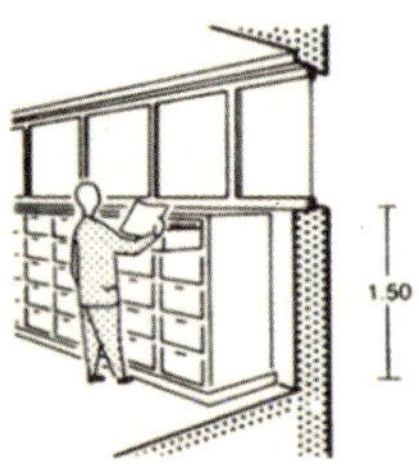

수납공간 및 서재의 창

드레스 룸의 창

제도 등의 작업공간의 창

식탁

아침에 일어나서 집에 들어서서 집을 나서면서 매일 그렇듯이 물을 한 잔 시원하게 들이킵니다.. 아침의 한 잔 물은 잠을 깨우는 것에도 한 몫을 할 테지만 좋은 물 한 잔으로 시작하는 하루가 몸과 마음을 건강하게 한다는 이야기를 들어서인지도 모르겠습니다. 물을 마시려면 주전자를 들거나 냉장고를 열어 시원한 물이 담긴 물통을 꺼내거나 혹은 주방에 달린 정수기 등에서 직접 받아 마실 수 있습니다. 혹 잘 떠지지 않은 눈을 감고 식탁에 앉고자 하면 몸이 언제부터인가 기억하고 있는대로 750 내외의 높이 식탁에 500 내외의 높이 의자에 앉게 됩니다.

이러한 치수들은 반드시 하나의 크기로 결정되어 있지는 않습니다. 그러나 일반적으로 거의 대부분의 가구와 건축자재들은 공통적인 규격의 치수를 가지고 있습니다. 그렇게 함으로써 우리가 행동하거나 움직이는데 혹은 가구를 사용하는데 가장 편리하고 효율적이게 돕습니다. 정해진 치수들은 우리가 생활하면서 익혀온 습관과 생활방식에 의하여 결정된 공통의 치수들입니다.

Table

건축부재와 가구, 전기기구, 건축설비, 마감재 등이 기본적인 치수를 지켜감으로써 거의 모든 제품들 사이에 공통적인 기준이 생겨나며 이 기준은 표준화와 규준화에 기여함으로써 대량생산이 가능해지고 여러 가지 부분들 사이에 조립과 결합을 가능하게 해 줍니다.

적절한 식탁의 크기와 형태는 가족 구성원, 소요 공간, 주변 공간 등을 고려하여 선택하여야 합니다. 사람은 누구나 영양을 섭취하고 살아가는데 필요한 에너지를 얻어야만 합니다. 그러므로 식사를 한다는 것은 중요한 삶의 절차이고 과정입니다. 우리는 세 끼의 식사를 통하여 하루를 넷으로 구분하고 살아 있다는 것을 느끼며 삶의 가장 즐거운 기쁨도 누릴 수 있습니다. 그리고 무엇인가를 느끼고 감각하고 맛을 누린다는 것은 행복한 삶을 유지하는데 중요한 원동력입니다. 그리고 무엇인가를 먹는다는 것은 문화라고 부르는 가장 큰 양식을 생산하고 있습니다. 우리에게 의식주는 가장 중요한 것이며 앞으로도 변화하지 않을 것입니다.

사람수	식탁크기	식탁위치: 구석		3벽	2벽	1벽	벤치형 의자	통행을위한공간 천정까지의공간
2	800×800							1,400 1,800
	800×800							1,900 2,300
3	800×1,000							2,100 2,500
4	800×1,200							1,800 2,200
5	800×1,350							2,400 2,900
6	800×1,500							2,100 2,500
통행을위한공간 천정까지의공간		1,600	1,900 2,400	2,300	2,600 3,100	2,900 3,800	1,800	

식사를 하기 위하여 음식을 차리게 됩니다. 식탁에 차려지기도 하고 전통적으로 밥상에 차려지기도 합니다. 식탁의 크기는 필요한 크기, 사용인원에 따라서 구입하거나 제작합니다. 그러나 그러한 식탁을 놓을 수 있는 공간을 먼저 파악하는 것이 중요합니다. 종종 식탁의 크기는 여유있게 사용하기 보다는 자신이 살고 있는 주방의 크기에 따라 결정되기 때문입니다. 주방에 함께 놓을 수 있는 적절한 크기를 선택하기 위해서 식탁을 놓을 공간의 크기를 확인하고 식탁을 어떠한 방식으로 놓을 것인가와 주변의 활동공간을 고려해야만 합니다.

식탁의 형태는 일반적으로 정방형이지만 종종 원형이나 타원형을 사용할 수도 있습니다. 그 형태와 좌석의 배치는 단순한 공간적인 차이가 아니라 심리적 차이를 가져옵니다. 서로 마주 보는 것 보다는 둥글게 둘러 앉는 것이 공동체감과 동질감을 더 높이는 것이 바로 그러한 이유입니다. 아서왕의 원탁은 바로 그러한 평등한 힘과 믿음의 공동체를 의미하는 것입니다.

식사

누구나 훌륭한 진수성찬을 기대합니다. 우리가 매일 세 번의 식사를 합니다. 맛있고 멋지고 근사하고 훌륭한 식사를 기대합니다. 누군가와 함께 나눌 수도 있고 가족의 화목을 나눌 수도 있습니다. 종종 훌륭한 식사를 위하여 오랫동안 요리를 준비하기도 합니다. 동료와 이웃과 함께 식사를 하고 이야기를 나누기도 합니다. 식사를 함께 한다는 것은 하나의 가족이며 삶을 함께 한다는 것이며 거주지에 함께 산다는 것이고 유대감을 나누는 것이기도 합니다. 그리고 그렇게 함께 식사를 나눈다는 것은 살아가는데 가장 중요한 바탕이 될 수 있습니다.

우리가 섭취하는 것이 무엇이든 그것을 준비하고 그 많은 것을 경험함으로써 살아가는 기쁨을 누릴 수 있습니다. 그것은 가장 행복한 경험 중의 하나입니다. 음식을 함께 한다는 것, 훌륭한 식사를 한다는 것은 우리 삶에서 중요한 생활의 과정이고 세련된 문화를 만들어냅니다. 그리고 매우 가치있는 삶의 행복과 에너지를 창조합니다. 더 좋은 음식과 더 훌륭한 맛과 경험과 문화가 존재합니다. 그것은 가장 큰 행복 중 하나입니다. 훌륭한 식사를 하기 위하여 우리는 더 좋은 공간을 얻고 싶어합니다. 누군가에게 훌륭한 집과 의복 만큼이나 멋진 식사와 그것을 준비하는 공간이 중요할 수 있습니다.

식사공간

아침식사를 하는 것은 하루에 필요한 충분한 에너지를 얻는 것은 물론이고 활기찬 하루를 시작하는데 매우 중요합니다. 아침을 매일 매일 챙겨서 잘 먹을 수 있다는 것이 매우 큰 행복이라는 것을 가끔 느끼게 됩니다. 우리는 너무나 빠른 세계에 너무나 많은 일들로 지치고 정작 중요한 자신의 행복과 휴식 그리고 먹고 마시고 배설하는 것을 돌보지 않고 있는지도 모릅니다. 건축은 그러한 개개인이 가장 여유로운 자신의 삶을 유지할 수 있도록 돕는 것입니다.

물론 사람들마다 자신이 좋아하는 취향에 따라서 가구를 선택하고 원하는 음식을 잘 차려 먹을 수도 있습니다. 대부분은 가족을 만나는 시간으로 사용하기도 하거나 하루 혹은 한 주일의 중요한 일과로 보낼 수도 있습니다. 중요한 것은 하루의 휴식을 위한 취침만큼이나 식사를 함께 한다는 것은 중요한 일이며 한 가족의 구성원이 공유하고 지켜야 하는 의례였습니다. 그러한 규칙들이 많은 가치 가운데 더 강한 것으로 유지될 수 있었던 것은 그만큼 가족의 의미와 가치가 중요한 탓이었습니다.

많은 가족들이 그들의 구성원과 삶의 일과 가운데 공유할 수 있고 거주지에서 공통적으로 집중하고 한 곳에 모여 중요한 시간을 함께 공유했습니다.

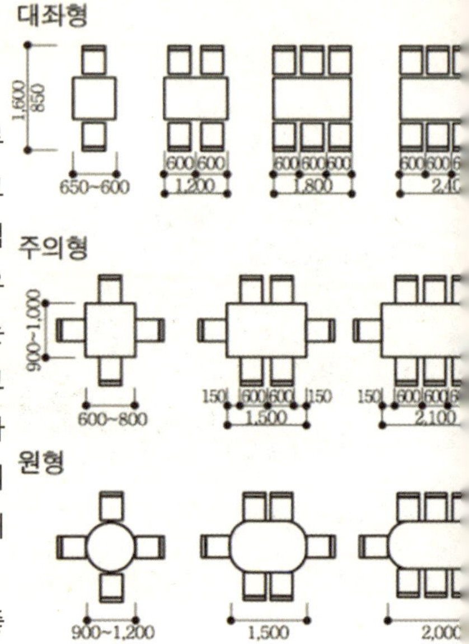

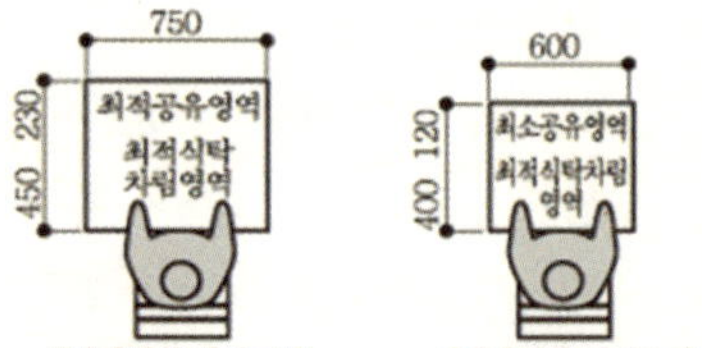

식탁차림의 최적공간 (양식)

식탁차림의 최적공간 (한식)

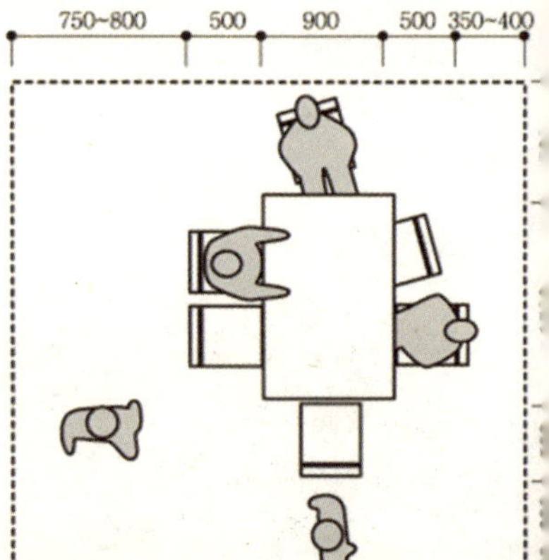

암사동 유적지

고대의 주거에서 화로는 모든 다른 공간의 중심에 위치하고 그 곳에서 식사를 하고 화로의 열기를 통하여 추운 밤을 견뎌냈습니다. 그러므로 주거내의 불을 사용함으로써 거의 모든 공간의 위계가 결정되었습니다. 화로는 주거를 성립시키고 주거 안에서 가능한 영역을 확장시켜 주었습니다. 사실상 주거는 외부와 격리된 공간의 구획의 설정과 그 안에서 불을 사용할 수 있음으로써 외부환경과는 다른 새로운 공간을 마련할 수 있게 되었습니다. 불을 사용하는 공간은 과거에는 주거 내의 공기를 데우고 음식을 마련하기 위한 역할이었지만 시간이 지나면서 그 역할이 분리되었습니다. 그렇게 되자 주방과 거실, 침실이 분리될 수 있었습니다. 공간의 분화는 바로 생활의 분화이고 삶의 내용을 풍부하게 만들어줍니다. 그 모든 내용은 건축의 발전이고 인간 삶의 발전입니다. 건축은 거의 모든 문화의 발전에 근거이고 시작이었습니다.

지금은 아무것도 아닌 것처럼 보이는 벽 하나 하나는 그것이 세워진 순간부터 아주 놀라운 삶의 변화를 가져왔습니다. 우리에게 아주 작은 환경의 변화는 개인의 삶의 유형과 행태를 바꾸어 줍니다. 그러므로 건축은 인간의 삶의 모습이 아닌 실제이고 가장 중요한 배경이고 무대입니다. 그러한 결과로부터 우리는 다시 건축적 요소를 변화시킵니다. 즉 끊임없이 상호작용합니다.

주방

조리를 위한 공간은 최근 수십년간 시각적으로 가장 중요한 공간이었습니다. 이 공간은 더 이상 무엇인가를 섭취하기 위하여 조리하는 공간이 아닙니다. 이미 우리는 수많은 패스트 푸드와 인스턴트 식품, 수많은 메뉴의 식단과 재료들로 무엇을 먹을 수 있는가는 문제가 되지 않게 되었습니다. 대량생산이 가능하고 다양한 유통시스템은 원하는 식재료를 냉동이나 혹은 냉장된 상태로 언제 어디서나 얻을 수 있게 되었습니다. 그리고 조리를 위하여 잘 포장된 제품들로 넘쳐나고 필요한 반찬이나 요리를 단번에 구입할 수도 있게 되었습니다.

주거 내에서 조리는 가능한 한 시간을 줄이는 방식으로 발전되고 있습니다. 반대로 조리 자체는 단순히 먹고 살기 위한 행위에서 벗어나게 되었습니다. 주방에서 조리를 한다는 것은 좀 더 훌륭한 개인의 여가와 취미생활이기도 하고 적어도 우리가 무엇을 먹는가와 어떻게 조리하고 우리가 어떻게 살아가고 있는가를 생각하게 하는 높은 수준의 행위가 되었습니다.

더 나은 재료, 훌륭한 조리, 멋진 주방기구, 그릇, 조리기구를 통하여 삶을 살아가는 방식을 높이기도 합니다. 식사를 한다는 것도 개인이 누릴 수 있는 행복이기도 하고 가족과 유대감을 높이고 이웃과 즐거운 시간을 보내거나 생활을 풍요롭게 하기 위한 준비이고 여가를 즐기는 중요한 수단이 되었습니다.

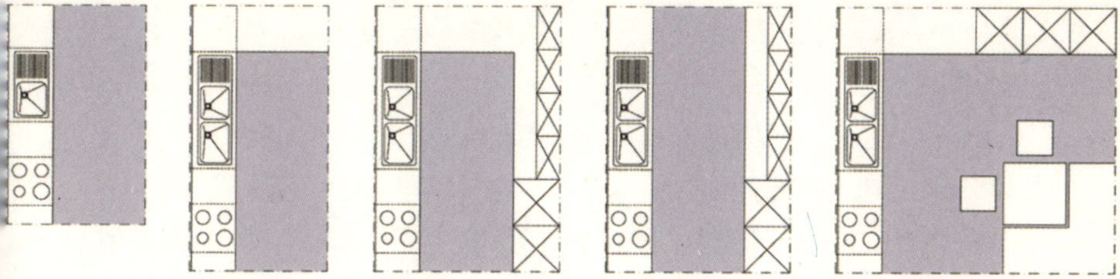

일반적으로 주방은 가장 바쁘고 많은 집기들로 들어차 있는 공간입니다. 그러므로 주방의 디자인은 다른 곳보다 더 세심하게 고려되어야 하고 여러 활동들과 조리의 패턴, 수납, 조리기구의 배치, 오븐, 렌지, 냉장고 등의 가전제품과 싱크대의 배치에까지 많은 요소들을 가지고 있습니다. 주방기구의 설치는 자유로운 배치 방식을 선택할 수도 있는데 중앙에 조리대와 간단히 식사할 수 있는 테이블을 조합할 수도 있습니다.

그리고 주변으로 수납장과 싱크대를 임의대로 배치합니다. 이러한 방식은 그 기능과 스타일의 측면에서 주방에 특별한 수준의 가치와 아름다움을 부여합니다. 만약 주방영역이 자유롭게 배치되고 사용하는 사람이 편안하게 서거나 앉을 수 있다면 여러 사람이 서로 대화하고 여가를 보낼 수 있는 공간으로 활용될 수 있을 것입니다. 그리고 작업하는 동안 다른 영역의 사람들과 소통하기가 쉽고 조리대와 싱크대에서 벽을 바라보고 있지만은 않게 됩니다.

욕실

식탁에서 물을 마시고 정신을 차리고 나면 욕실로 향하게 됩니다. 매일 아침마다 치루어야 하는 일도 있고 양치질이며 세수, 혹은 머리를 감거나 샤워를 하기도 합니다. 그래야 정신도 차리겠지만 하루를 개운하게 시작하기 위한 까닭도 있습니다. 욕실 문은 다른 실내의 문보다는 대부분이 작게 설치됩니다. 문 높이는 동일하다고 하더라도 문의 폭은 조금 작아져서 600이면 충분합니다. 욕실 문은 욕실 안쪽으로 열리게 되어 있고 천장에는 환풍기가 설치되어 있습니다.

욕실 안에는 위생도기와 세면대, 욕조, 수납장이 설치되어 있습니다. 그리고 다양한 수전(수도꼭지)이 위생도기마다 설치되어 있습니다. 여러 액세서리도 달려 있는데 수건걸이, 휴지걸이, 옷걸이, 비누받침대, 컵 받침대 등이 있습니다. 그 밖에도 선반과 조명등, 거울 등 다양한 소품들로 꾸밀 수 있습니다. 욕실 벽과 바닥의 타일은 매우 두드러진 장식입니다. 이 타일은 그 종류와 크기에 따라 많은 종류가 있습니다. 욕실 안에 거울을 사용함으로써 공간을 더욱 확장시켜 보이도록 할 수 있습니다. 이렇게 자신을 가꾸는 공간은 휴식의 공간일 수 있고 자신과 대화할 수 있는 공간이기도 합니다.

욕실은 신체를 깨끗하게 씻을 수 있으며 실제로 위생도기를 설치하여 배설행위도 함께 하는 공간입니다. 이러한 공간적인 결합은 물을 끌어들여 사용하고 버릴 수 있는 공간을 서로 결합시켜 놓았기 때문에 생겨났습니다. 대부분의 서양식 주거는 배설을 위한 위생설비를 욕실에 함께 설치하고 있습니다.

인간은 모두 음식을 섭취하면 에너지를 얻고 나머지를 배설합니다. 그러므로 살아가는 가운데 음식물을 섭취하는 만큼 배설 역시 중요합니다. 인간의 신체 내부의 기관들은 적절한 기능을 수행하면서 그 부산물을 만들어냅니다. 그 부산물은 신체 내의 독소를 배출하기 위한 수단으로 생성된 것입니다.

다음 한자의 형성을 보면 인간이 소변을 보고(뇨, 尿) 똥을 누는(시, 屎) 모습에서 한자가 형상화되었음을 보여줍니다. 이러한 한자의 발전은 문화의 발전을 보여줍니다. 한자는 우리가 살아 가는 모습을 보여주고 몸과 관련된 행위들을 구체화합니다.

人 尿 屎

尿 갑골문 甲骨文에 나타나는 의미를 살펴보면 사람[人]자에 소변을 하는 모양을 가지고 있습니다.

屎 마찬가지로 대변을 보는 모양은 [尸]에 쌀을 먹은 모양으로서 한자 시[屎]가 형성되었습니다. 또 뇨[尿]자는 분[糞]자로 변천하였습니다.

糞 분[糞]자는 미곡(米穀)과 관계하여 생성된 한자입니다. 인류의 정착으로 농경시대 쌀을 주식으로 삼음으로써 변화되어 생겨난 한자임을 알 수 있습니다.

고대에 사용된 것으로 보이는 이 변기는 사각의 돌(약 40 × 70cm) 중간에 배 모양으로 파내고(깊이 15cm) 앞쪽에서 바깥으로 구멍을 내고 물을 부어 분뇨를 흘려 보내도록 만들었습니다. 돌로 만든 여자용 소변기로 추정되며 대변을 위한 칙간이 따로 있었을 것으로 추정됩니다. 이후 호자와 수병 등이 사용되었고 조선시대의 임금은 매화그릇과 매화틀에서 소변과 대변을 보았습니다.

호자

수병

매화그릇

매화틀

유럽의 다양한 도기

유럽에서는 공중화장실을 사용하였던 로마의 멸망 이후 분뇨를 개인이 모아서 길에 버리는 방식을 취했습니다. 그러므로 대부분 중세 이후의 유럽 도시들은 분뇨로 악취가 진동하는 도시에서 살고 있었습니다. 또한 주거 내부에는 화장실이 없었으며 대신 배설하여 길에 가져다 버리기 위한 다양한 도기와 가구가 발전하였습니다.

똥지게

그렇게 보자면 전통적으로 분뇨를 모아서 농사에 사용한 동양 사회는 유럽 사회보다 위생적이었다고 할 수 있습니다. 가축과 인간의 분뇨를 퇴비로 사용함으로써 더욱 효율적인 처리가 가능했습니다. 혹은 바닷가에서는 파도에 쓸려 내려가게 하거나 가축이 처리하도록 유도하기도 하였습니다. 또 모아 놓은 분뇨는 똥지게를 통해 처리하였습니다.

우리가 흔히 욕실이라고 부르는 것은 실제는 다양한 구분을 가지고 있습니다. 그러한 서양식 욕실의 탄생은 그 어원에 따라서 다르게 분류할 수 있습니다. 18~19C 영국에서는 여러 가지 가루를 가발에 뿌리는 것이 유행이었는데 이때 상류층 가정의 침실에는 대개 파우더 클로짓(powder closet, 파우더룸)이 마련되기 시작했습니다. 이 곳은 가발에 가루를 뿌리기 위한 공간으로, 직역하면 '화장하는 방'이며 가루를 뿌린 뒤 손을 씻기 위해 물을 비치하게 되었고 이 곳에서 세면이 이루어지고 이후 배설도 함께 하게 됨으로써 '화장실'이 변소를 의미하게 되었습니다.

W.C.라고 하면 Water Closet의 약자로 수세식 변소를 의미합니다. 그러므로 수세식의 위생도기와 세면기구가 설치된 공간을 W.C.라고 부릅니다. Toilet은 변기만이 놓여진 기본 배설공간입니다. Restroom은 휴게실이 딸린 다목적 화장실이며 일반적으로는 화장을 하고 담소를 나누고 배설을 할 수 있는 공간이 충분한 곳을 의미합니다. 오늘날 화장실, 욕실은 단순히 배설하고 세면하는 공간이 아닙니다. 자신을 위해 시간을 할애하고 삶을 꾸미고 생활을 가꾸는데 중요한 공간이 되었습니다. 휴식과 여가, 개인적인 취미를 넘어서 복합적인 다른 행위들의 연장으로 여겨지기도 합니다.

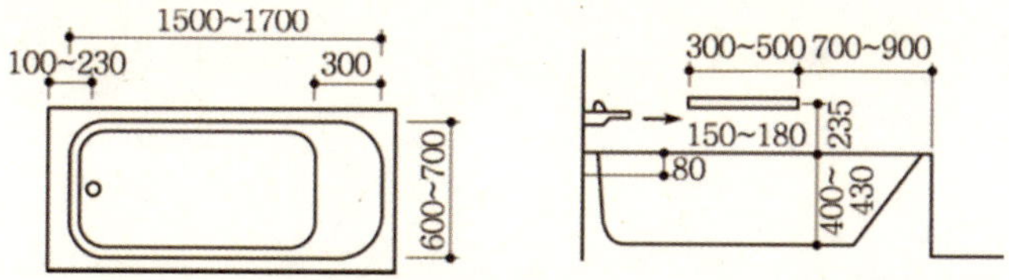

욕조의 표준치수

훌륭한 목욕문화는 더 많은 설비를 필요로 하고 더 넓고 여유로운 활동을 가능하게 합니다.

욕실에 설치되는 욕조의 크기와 종류는 매우 다양합니다. 일반적인 욕조는 1인이 들어갈 수 있는 크기이며 폭 700 길이 1700정도의 공간이 요구됩니다. 욕조 이외에도 세면기와 위생도기가 설치됩니다. 혹은 샤워 룸이 설치되기도 합니다. 위생도기의 설치를 위한 공간의 요구치수는 아래와 같습니다. 최소한 너비 1000에 길이 1400 정도가 있어야 편안하게 일을 볼 수가 있습니다.

위생도기의 크기와 종류는 매우 다양하며 수세방식도 서로 다릅니다. 필요에 따라 선택할 수 있으나 최근에 와서는 저수조가 분리되지 않은 일체형을 선호하고 있습니다. 일체형의 경우 후방의 저수조가 낮고 공간을 차지하지 않아 유리합니다. 휴지 걸이는 높이 700 정도에 설치합니다.

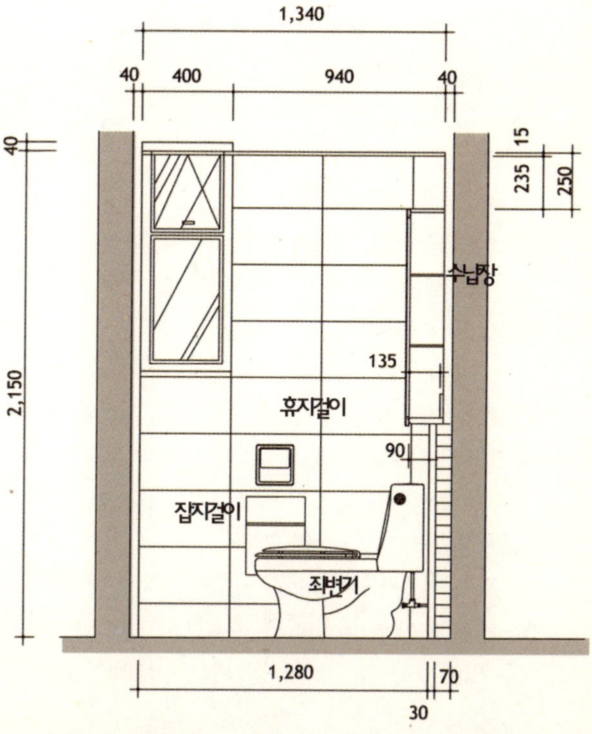

화장실의 위생도기 설치

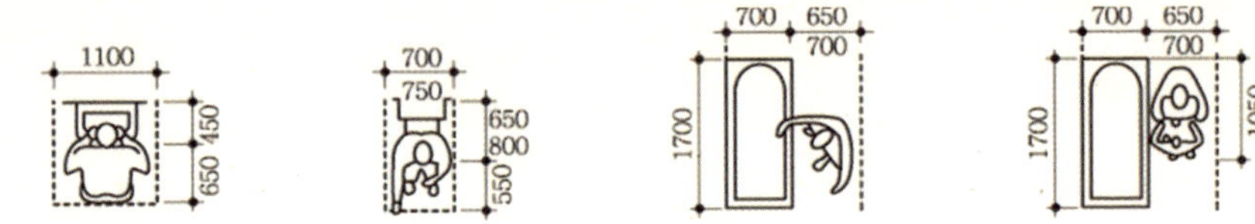

세면　　용변　　목욕　　갱의

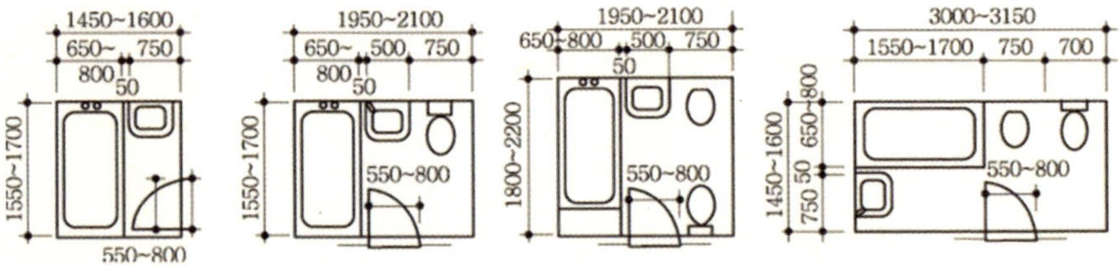

일반적으로 욕실에 설치되는 세면기, 위생도기, 욕조 혹은 좌욕기 등의 조합은 충분한 공간이 확보되어야만 가능합니다. 대부분의 욕실의 위생기구는 한꺼번에 설치되어 있습니다. 대부분의 수세식 설비의 경우 급배수 설비계통을 부엌이나 다용도실 등과 가까이 함으로써 효율적으로 공간을 활용할 수 있습니다. 화장실은 각 방마다 설치할 수도 있으며 욕실과 화장실을 독립시키는 것이 바람직합니다. 화장실 공간의 크기는

가. 최소 0.9 × 0.9m

나. 양변기를 설치할 경우 : 0.8 × 1.2m

다. 소변기를 따로 설치할 경우 : 0.8 × 0.9m

라. 욕조, 세면기, 양변기를 함께 설치할 경우: 최소 1.7 × 2.1m를 확보하는 것이 바람직합니다.

욕실에는 탕배기구(湯排氣口)를 만들고 천장은 적당히 경사가 져야 하며, 문은 물방울을 고려하여 열리는 문은 욕실로 열리고 미닫이는 욕실 쪽으로 당기도록 합니다. 세면기의 높이는 70 ~ 75cm 정도로 낮게 하는 것이 팔꿈치에 물이 흘러내리지 않습니다. 욕실의 크기는

가. 보통 1.6 ~ 1.8 × 2.4 ~ 2.7m

나. 최소 0.9 ~ 1.8 × 1.8m

다. 천장 높이 2.1m 이상을 확보하는 것이 바람직합니다.

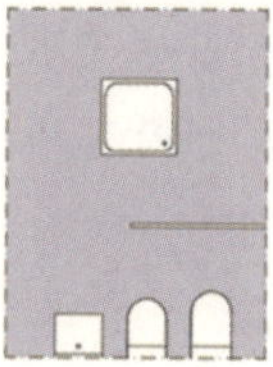
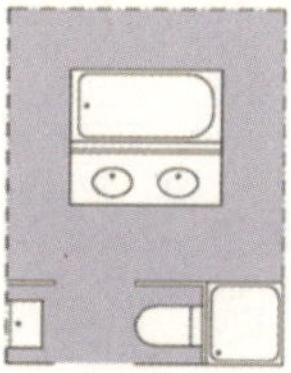
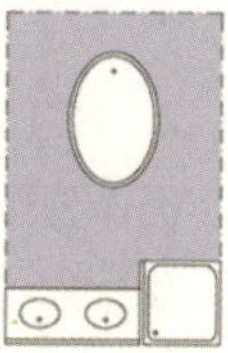

매일 아침 저녁으로, 필요하다면 그보다 더 자주 씻게 됩니다. 과거의 단순히 더러움과 땀을 씻어내는 것을 넘어서 자신을 가꾸는 과정이고 더 많은 사람들이 피부를 관리하고 외모를 가꾸는 것을 당연하다고 여기고 있습니다. 그래서 점점 많은 기구와 장치들이 생겨나고 다양한 바디용품과 화장실 용품들이 생겨났습니다. 많은 도구들을 욕실에 수납하고 사용할 공간과 선반이 함께 필요해졌습니다. 그러면서 욕실의 배치와 형태는 다양하게 변화하고 고급화되고 있습니다.

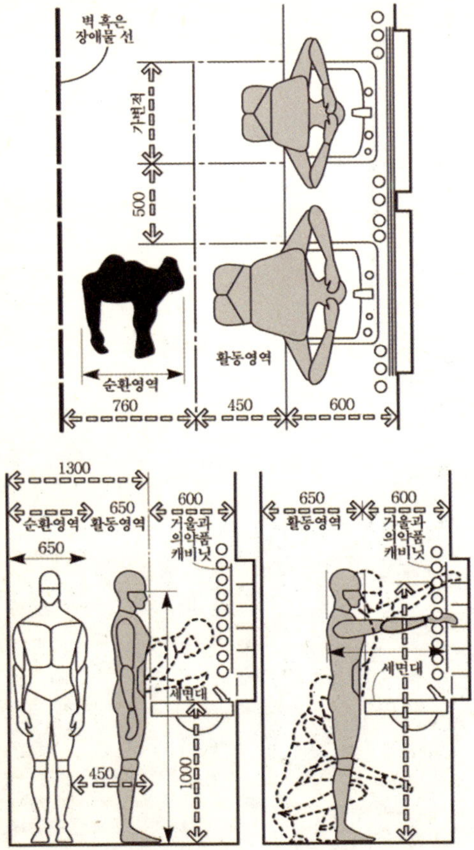

세면시의 활동치수

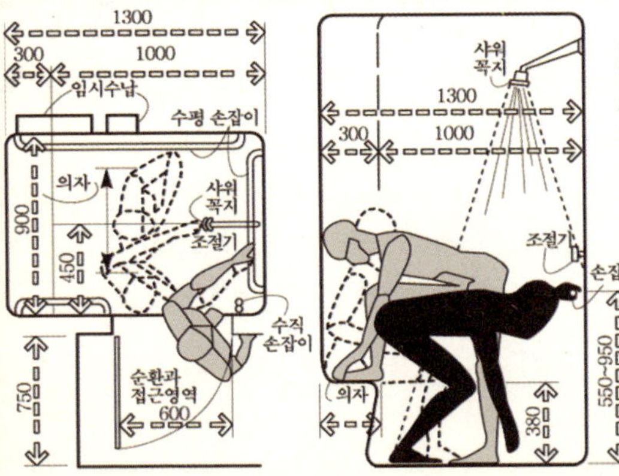

샤워시의 활동치수

인체치수

욕실에서 세면을 하거나 샤워를 하거나 혹은 욕조에 몸을 담그거나 그러한 활동에는 모두 여유있는 공간을 필요로 합니다. 우리가 무엇인가를 하고 자신의 신체의 자유를 느낄 수 있고 감정적으로 편안함을 느낄 수 있는 공간의 크기는 최소한의 한계를 가지고 있습니다.

대부분의 공간 치수와 활동 치수들은 최소한의 한계를 결정한 것입니다. 그보다 작아서는 좋지 않다는 것입니다. 충분히 여유있는 공간을 마련하기 위하여 그보다 큰 공간을 확보하는 것이 좋지만 종종 경제적 문제와 효율성에 의하여 제한받기도 합니다. 적절한 공간의 크기는 사실상 인간의 신체를 기준으로 작성되는 상대적인 크기입니다. 그러므로 그 공간을 실제로 사용하는 사람이 가진 신체적 특징과 편의를 고려하는 것이 중요합니다.

만원버스, 꽉 들어찬 지하철에 갇혀 몸을 움직일 수도 없거나 주변 사람의 체온에 신경이 예민해지고 한참 동안 팔다리를 마음대로 움직일 수 없을 때를 생각해 보면 적절한 공간적인 크기가 우리에게 주는 심리적 물리적인 안정과 여유를 이해할 수 있습니다. 누구나 자신의 생활을 유지하는데 필요한 공간적인 크기를 요구하고 우리는 그 안에서 심리적 안정을 얻을 수 있습니다. 그것은 한 개인과 개인, 개인과 물리적 대상, 개인과 심리학적 대상들과의 안정적인 거리감입니다.

그 거리감은 어떠한 단순한 물리적 거리 이외에도 심리적인 차폐와 구조물의 사용, 격리 등의 다양한 수단을 통하여 조절될 수 있습니다. 그러한 조절은 우리가 건축적으로 사용할 수 있는 모든 가능성이기도 합니다. 바닥에 단을 만들어 두 공간을 분리시키거나 심리적으로 다른 영역임을 표시하고, 재료를 다르게 하거나, 소품을 두고 커튼을 사용하여 시선을 차단시키거나, 벽을 만들어 강제적으로 분리시키거나, 반투명 유리를 사용하여 심리적인 거리를 확보할 수도 있습니다.

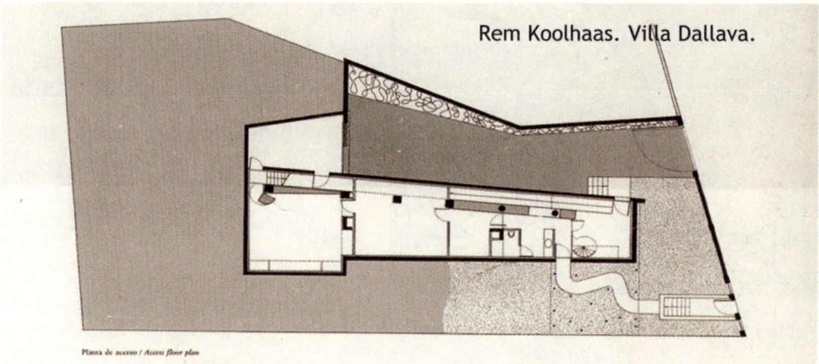

Rem Koolhaas. Villa Dallava.

즉 건축디자인은 거의 대부분이 이러한 공간적인 영역의 크기를 설정하고 그 안에서 일어나는 행위들을 가치있게 하는 것입니다. 또 그러한 행위로부터 연장되는 생활을 통하여 개개인이 자신의 삶을 의미있게 유지하고 발전시킬 수 있는 건축물을 표현하는 수단입니다. 우리에게 남겨진 가장 중요한 건축적 과제 역시 그러한 관계를 설정하는 것입니다. 건축디자인은 바로 그러한 관계를 도면으로 남기는 것을 우선합니다.

인체의 중시

건축디자인은 이러한 공간을 구분하고 한정하면서 우리가 활동하는데 충분한 영역을 제공하는 것을 고려해야만 합니다. 또한 사람들이 움직이는데 얼마나 큰 공간이 필요한지, 팔을 뻗고 다리를 펴는데 어느 정도의 공간이 필요한가를 측정하고 요구되는 만큼의 공간을 할애하는 것입니다. 그러한 공간을 규정하기 위한 상대적인 크기는 많은 사람을 기준으로 하는 평균이나 표준을 통해 얻게 됩니다. 그렇게 보자면 거의 모든 공간의 치수단위는 인간의 신체를 통해 설정됩니다. 과거로부터 인간의 신체는 거의 모든 진실의 중심에 있어 왔습니다.

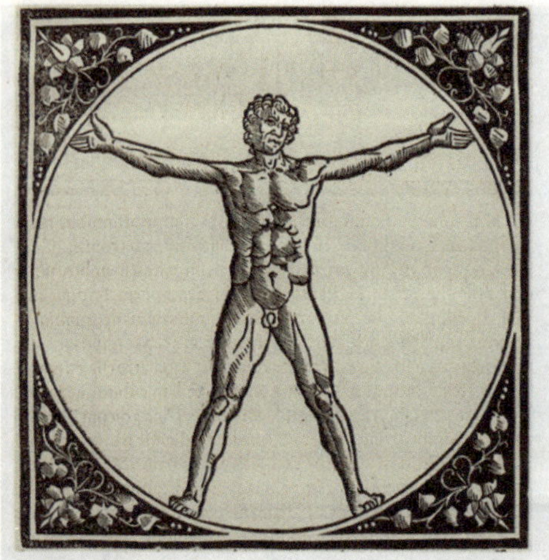
Vitruvian Human. BC 1C.

기원전 1세기 Marcus Vitruvius Pollio는 그의 책 <건축 10서>에서 인간의 신체를 완전한 것으로 보고 모든 형태의 중심에 인간의 신체를 그려 놓았습니다. 인간 신체의 탐구는 모든 세기에 이어졌습니다. 그 시기까지 고대의 기하학적 형태와 비례는 세계의 질서를 대변하고 있었습니다. 그러한 기하학적 세계는 인간의 신체가 가진 완전함의 믿음으로 인하여 더욱 견고한 질서가 되었습니다.

오른쪽 그림에서 보는 바와 같이 인간의 신체는 팔을 조금 내리고 서 있다면 자연스럽게 원안에 들어가고 신체의 각 끝은 정확히 오각형을 형성하는 것으로 믿었습니다. 그 중심은 배꼽과 성기에 위치하였습니다. 나아가 인간의 신체를 쭈욱 펴고 완성되는 다양한 기하학적 형태들을 제시하였습니다. 그 형태들은 가장 근본적이고 기본적인 형태들이며 그 형태는 이후에 우주를 구성하는 형태이고 신이 세계를 창조한 원리의 구성원이라고 여겼습니다.

많은 학자들이 우주의 원리, 신의 원리, 자연의 원리, 모든 움직이고 존재하는 것의 비밀들이 인간의 신체에도 내재하고 있다고 믿었습니다.

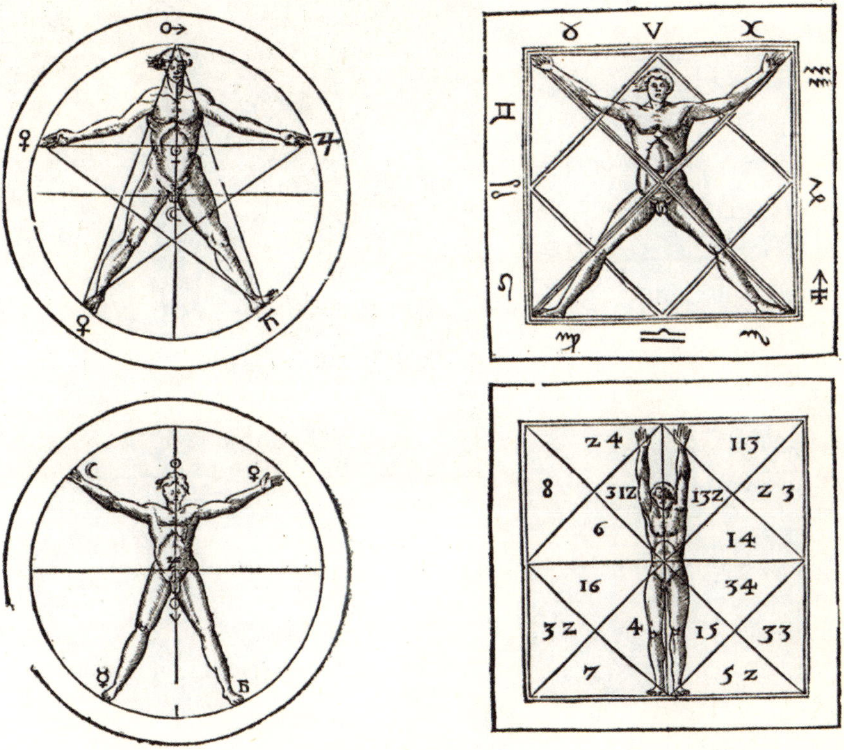

Agrippa von Nettesheim. De Occulta philosophia.

기본적인 기하학적 형태들은 곧 인간의 신체이고 세계의 질서이고 원리가 되었습니다. 그렇게 해서 거의 모든 종교와 과학에서 인간의 신체와 기하학적 원리는 중심에 서게 되었습니다. 인간의 신체는 가장 비밀스러운 것이고 또 신비롭고 훌륭한 완성체의 표본이었습니다. 그러므로 인간은 스스로 자신의 신체를 더 중요한 원리의 담지체로 여겼습니다.

아래그림(R. Fludd. Utriusque. Cosmi II.)에서 보여주듯이 플러드는 인간의 신체를 모든 것이 담겨진 그릇으로 보았습니다. 그의 조화로운 다이어그램을 확인하면 다양하고 미묘한 정신적 매개체를 통하여 모든 영역으로 확장되고 있습니다. 세계의 정신은 인간으로부터 모든 것이 확대되고 있습니다.

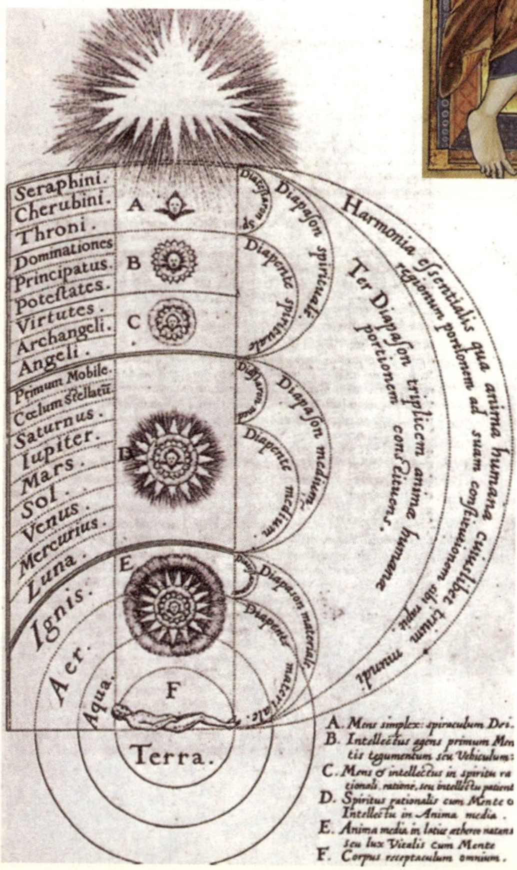

중세에 이르러 기독교가 세계의 믿음을 통합하고 가장 강력한 세계를 통일하면서 인간의 신체와 기하학적 세계는 종교적 교리에 의하여 강화되었습니다. 무엇보다도 신은 세계를 수의 질서에 의하여 창조하였으며 인간의 신체를 자신의 모습을 따라서 창조하였다는 성경의 말씀이 가장 중요한 근거가 되었습니다. 그러자 인간의 신체는 완전한 신의 모습을 대변하는 것이고 이 세계의 가장 완벽한 조화의 통일체로 여겨졌습니다.

수와 비례

고전의 세계에서 수와 비례의 완전한 세계는 기하학적 세계를 구성하였습니다. 따라서 완전한 세계는 형태를 지녔으며 그것은 기하학적인 조화로서 이해되어야 했습니다. 마찬가지로 건축은 그러한 기하학적인 완전성과 조화를 추구할 수 밖에 없었습니다. 케플러에 의하면 세계의 조화는 이와 같은 다섯 개의 기본적인 기하학적 단위들로 구성되어 있다고 보았습니다. 케플러는 기하학적인 완성으로서 신의 존재를 확신하고 있었습니다. 그리고 그러한 기하학적 입방체의 관계는 우주적인 관계를 보여준다고 믿었습니다. 또한 각각의 기하학적 완성체는 흙, 불, 물, 에테르, 공기를 대표한다고 믿었습니다.

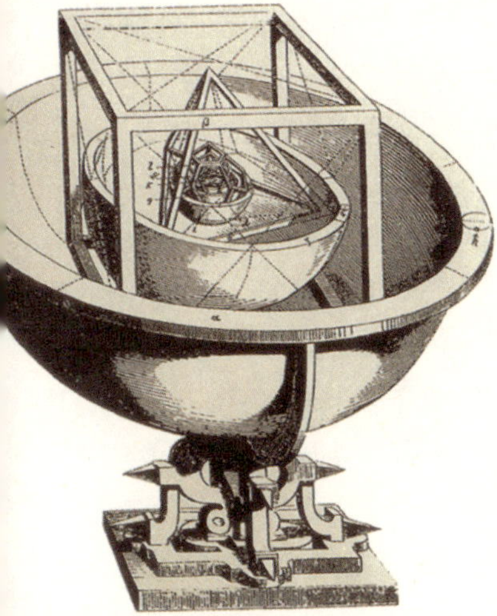

케플러의 우주 구성의 원리

성경에 의하면 창조의 단계에 따라서 다섯째 날에 인간을 창조하였습니다. 그러한 성경의 기록과 기독교적 교리의 믿음에 의하여 세계의 질서가 정립되어야 했습니다. 오른쪽 그림에서 인간은 그 창조의 끝이며 중심이고 우주 전체를 관장하는 것으로 여겨졌음을 확인할 수 있습니다. 그리고 세계는 인간의 신체적 질서를 통하여 조화로이 운영된다고 보았습니다.

인간의 우주적 형상

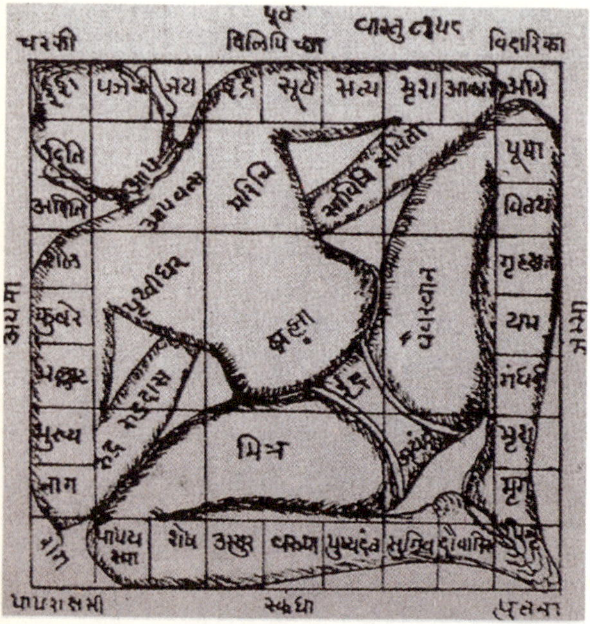

이러한 신체의 믿음과 절대적인 원리들은 기독교 뿐만이 아닙니다. 힌두교 역시 종교적인 다이어그램을 가지고 있습니다. 좌측은 인간의 우주적 조화의 형성을 보여주는 그림입니다. 이러한 종교적인 원칙들은 이 세계의 질서를 규정하고 신분적 구분을 결정하고 있습니다. 이 다이어그램의 가장 중요한 위치로서 한가운데는 브라마(brama)가 위치하고 있습니다.

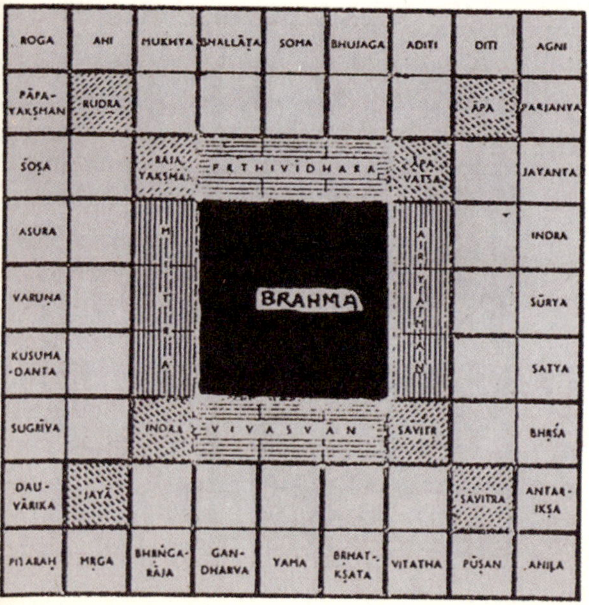

힌두에서 결정되는 세계의 인체적 질서는 인도의 도시와 궁전 그리고 신전의 건축에서도 동일한 원리와 형상이 적용됩니다. 동시에 이러한 지역적인 구분은 신분제(카스트)의 엄격한 구분과도 연관되어 있으며 그들이 보고 있는 세계의 형상과 단계를 구현하고 있습니다. 이 안에서도 브라마는 가장 중요한 위치를 차지하고 있습니다.

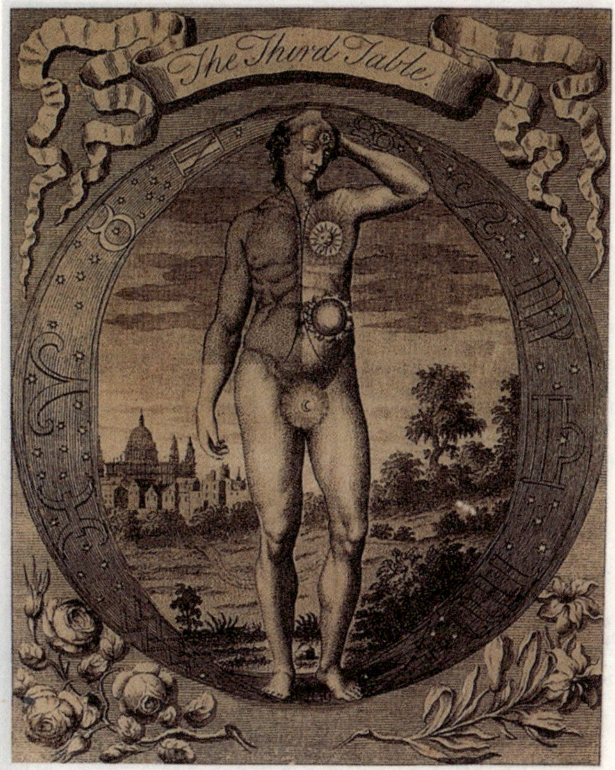

D. A. Freher. 1764.

이제 인간은 세계의 중심으로 여기는 것이 당연하게 되었습니다. 그리고 인간은 신의 모든 힘으로부터 창조된 가장 중요한 존재가 되었으며 신의 모든 전능이 숨겨진 전일체로 여겨졌습니다. 인간은 신성한 신체를 얻었으며 매우 신성한 성령의 힘으로 세계의 빛이 될 수 있다고 보았습니다. 이러한 인간 신체는 비밀스러운 신과의 연결통로를 가지고 있다고도 여기게 되었고 힌두교에서는 이것을 쿤달리니(kundalini) 즉 뱀의 불로 여겼습니다. 그것은 인간이 신의 깨달음과 지혜를 얻는 통로이며 인간에게 있는 일곱 개의 중요한 차크라(chakras)를 일깨운다고 여겼습니다.

가구의 치수

물리적 가능성의 제한이 사람들을 외적으로 한계짓고 접근하지 못하도록 배제하는 것은 아닙니다. 의식적 관습적인 한계도 존재합니다. 그리고 어떠한 행위와 활동을 위하여 가능한 공간적 크기와 환경 그리고 시설과 가구도 요구됩니다.

주거 내의 가구와 시설은 모두 나름의 용도를 다할 수 있는 크기와 주변 환경이 있습니다. 가구를 활용할 수 있는 개인의 활동공간을 적절하게 디자인하는 것 역시 중요합니다. 필요한 설비와 가구는 적절한 크기와 공간을 요구합니다. 물론 그러한 가능성은 그 지역의 환경과 여건에 따라 법적으로 제한받을 수도 있습니다. 기본적으로 건축물의 면적과 부피 그리고 높이, 구조적 안정성과 같은 문제들은 법적인 기준에 따라야만 합니다.

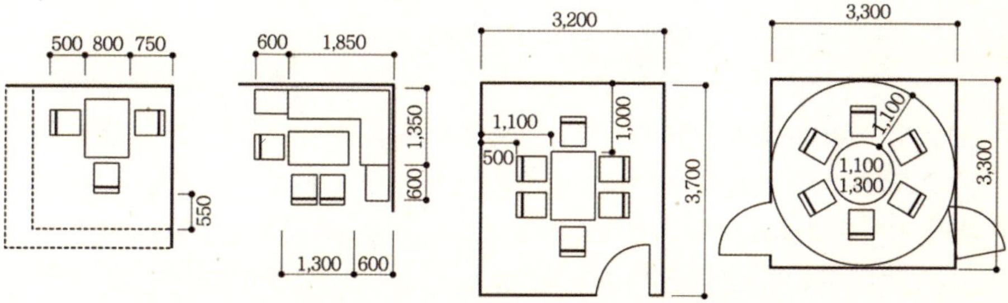

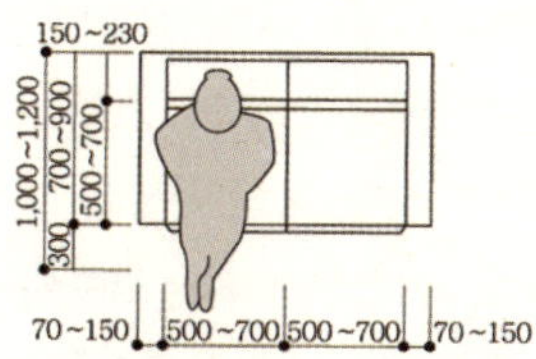

2인용 소파

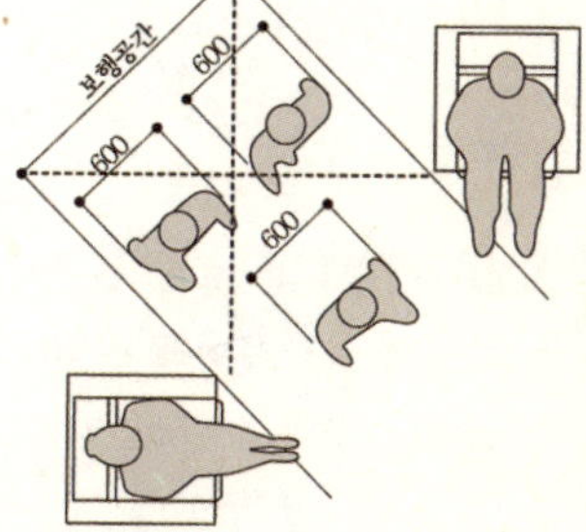

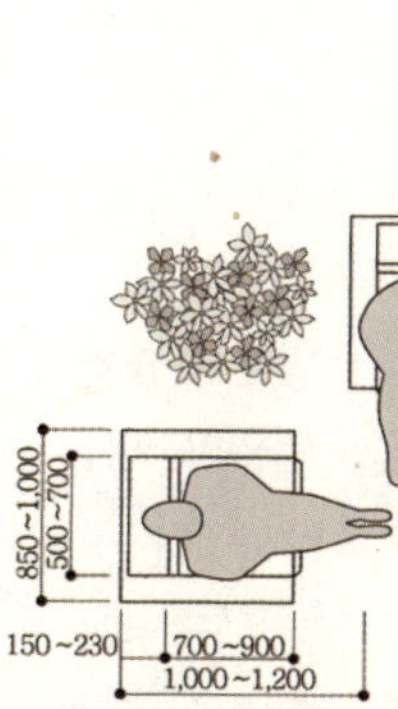

1인용 소파

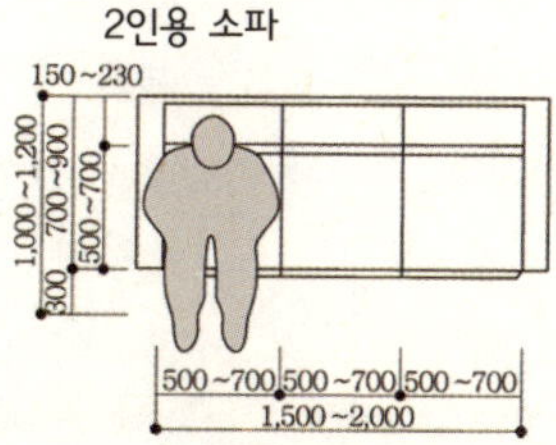

3인용 소파

치수의 차원

건축의 단위공간의 구성은 구조와 미의 요소 외에 인간의 활동을 담는 그릇으로 역할을 하기 위하여 인간의 신체척도와 동작치수가 바탕이 되어야만 합니다. 복도를 계획할 경우 인간과 물건 등이 이동하는 통로로서 충분히 역할하려면 복도를 이용하는 인간의 신체치수와 가장 일반적으로 운반하는 짐의 특성을 파악해야만 합니다. 그리고 그러한 치수와 같거나 최소한 동등한 너비의 복도를 계획해야 합니다. 건축법규 등에서 규정하고 있는 최소 치수 등도 대부분 이러한 인간의 신체치수와 동작치수를 고려하여 결정되었다고 할 수 있습니다.

일반적으로 한국인 성인의 경우 의자사용을 위한 의자의 좌석은 최소폭은 40㎝ 이상이 요구되고 있으며, 책상높이는 앉은 키에 근거하여 남자의 경우 약 70㎝의 높이가 필요합니다. 성인의 경우 대략 평균 50㎝의 어깨 폭은 복도나 계단 등의 치수를 결정하는 최소기준이 되어 복도 폭 최소 60㎝가 필요합니다. 두 사람이 마주칠 경우 120㎝의 치수를 필요로 합니다. 이를 기초로 건축법에서 정하는 계단 및 복도의 최소폭의 기준이 되었습니다. 이와 같이 건축계획에 따르는 인간의 신체치수와 동작의 치수는 건축계획의 지표가 되며 바닥, 천정, 계단, 문, 창, 가구, 난간, 각종 기기, 설비, 재료 등의 대부분의 건축 구성요소에 적용됩니다.

건축공간은 사용자의 특성에 따라 다양한 요구를 파악하여야 합니다. 개인적 취향과 관련한 선호공간의 요소 그리고 그 공간을 사용하는 목적에 맞는 특성을 요구합니다. 건축가는 이를 충족시켜 줄 수 있는 계획을 수행하여야 합니다. 따라서 소요공간의 목적에 따른 인체 활동치수를 고려한 공간의 크기가 결정되어야 하고 인간의 활동과 함께 발생하는 동작치수를 확인해야 합니다.

여기서 다루는 동작 이외에도 인간은 셀 수 없이 많은 활동을 합니다. 그러므로 공간을 계획할 때 그 사용공간의 사용 목적, 특성 등을 면밀하게 분석하여 공간계획에 반영하여야 합니다. 그리고 계획하고자 하는 건축물의 공간을 사용하는 주체에 대한 정확한 신체적 특징을 분석하고, 그 공간 내에서 주로 행하여지는 활동 등도 면밀하게 검토하여야 합니다. 그렇게 해서 공간사용의 목적에 적합하고 쾌적하게 계획될 수 있어야 합니다.

이 도시를 가득 채우고 있는 모든 건축적 요소들은 나름의 치수와 공간을 가지고 있습니다. 그것은 그곳을 찾는 사람이라면 누구나 편리하게 이용하고 무리 없이 다가갈 수 있는 적절한 크기를 가지고 있으며 그 크기에 맞게 모든 건축 생산이 이루어집니다. 이 도시의 건축 재료는 그러한 표준화된 치수를 가지고 있습니다.

한 때, 자신을 위하여 가꾼다는 것은 상상도 못할 만큼 어려운 일이고 누구나 할 수 있는 일이 아닌 때도 있었습니다. 오늘날 우리는 누구나 자신이 원하는 만큼 스스로를 가꾸고 그러한 공간을 가질 수 있게 되었습니다. 매일 자신의 몸을 가꾼다는 것은 자신의 몸만을 가꾸는 것이 아니라 자신이 살고 있는 삶의 내용을 가꾸는 것이며 자신이 세계에 어떠한 방식이든지 나름의 방식으로 드러내고자 하는 의욕과 노력을 보이는 것입니다.

집에서

그렇게 해서 우리가 쓰고 있는 모든 공간들의 크기가 결정됩니다. 그러므로 매일 일정한 시간 동안 욕실 안에서 배설을 하고 깨끗한 피부와 얼굴을 가꾸고 양치질을 하는 것은 육체적인 건강과 정신적인 건강 그리고 사회적 건강을 위한 것이기도 합니다. 나 자신이 얻고자 하는 삶의 질서 가운데 반드시 지켜져야 하는 것은 일상의 생활에서 반복적인 규율처럼 정해집니다. 우리가 하루 하루의 시간을 어떠한 행위들을 위하여 쓰도록 의식적으로 혹은 무의식적으로 정해 놓은 것은 은연중에 삶의 질서이고 문화이기도 합니다.

우리는 매일 아침 일어나는 시간이 정해져 있으며 잠을 잘 때마다 기도를 하는 사람도 있고 하루를 정리하거나 일기를 쓰거나 다음날의 계획을 그리는 사람도 있습니다. 아침에 일어나면 물을 마시거나 체조를 하거나 더 일찍 일어나 새벽 운동을 하기도 합니다. 그리고 샤워를 하고 머리를 감고 양치질을 하고 용변을 보기도 합니다. 아침마다 욕실에서 몸을 가꾸고 나면 식사를 하게 됩니다. 가족과 함께 아침식사를 즐기기도 하고 혹은 간단히 과일이나 샌드위치를 들기도 합니다. 매일 3번의 식사를 하는 것은 누구나 마찬가지이며 일을 하면서 휴식시간을 갖기도 합니다.

학생이라면 학교를 갈 것이고 직장이 있다면 자신의 직장에서 일을 할 것이며 주부라면 집에서 가사일을 돌볼 것입니다. 그 시간 안에는 자신의 취미 생활로 소비하기도 하고 다른 일들로 바쁘기도 할 것입니다. 그렇게 해서 개인의 하루 일과를 마치면 누구나 집으로 돌아옵니다. 집으로 오면 가족과 다시 인사를 하고 손발을 씻고 옷을 갈아 입고 식사를 하며 여가시간을 보내기도 합니다. 잠들기 전에 다시 샤워를 하거나 세면을 하기도 합니다. 우리가 보내는 일상은 매우 간단한 일들로 들어차 있습니다. 이러한 매일의 생활은 우리의 삶에서 질서와 안정감을 불어넣어 줍니다.

<table>
<tr><th>주거
기능</th><th colspan="2">생활행위</th><th>공간</th><th>평면구성요소</th></tr>
<tr><td rowspan="2">여가</td><td colspan="2">단란</td><td>거실</td><td>. TV, 오디오 등 오락기구의 설치장소
. 소파, 테이블 등 담소용 가구의 설치
. 장식용 선방 및 각종 물품의 수납장소</td></tr>
<tr><td colspan="2">식사</td><td>식당</td><td>. 식탁의 설치와 식사를 위한 장소
. 식기 등 수납장소</td></tr>
<tr><td>생리
위생</td><td colspan="2">세면, 목욕,
배설</td><td>욕실
화장실</td><td>. 목욕 등의 활동을 위한 장소
. 변기, 욕조, 세면기의 설치장소</td></tr>
<tr><td rowspan="3">휴식</td><td colspan="2" rowspan="3">취침</td><td>주침실</td><td>. 취침 및 휴식을 위한 장소
. 침대, 화장대, 옷장 등의 설치장소
. 탈의를 위한 장소
. 각종 물품의 수납장소</td></tr>
<tr><td>노인실</td><td>. 취침 및 휴식을 위한 장소
. 각종 물품의 수납장소</td></tr>
<tr><td>아동실</td><td>. 공부, 취침, 놀이를 위한 장소
. 각종 물품의 수납장소</td></tr>
<tr><td rowspan="5">노동</td><td rowspan="3">가사</td><td>취사</td><td>부엌</td><td>. 작업대의 설치와 조리작업을 위한 장소
. 조리를 위한 각종 설비기기 설치
. 배선대 설치와 배선공간
. 식기 세척 및 정리
. 식품, 식기 및 조리기구류 수납장소</td></tr>
<tr><td rowspan="2">세탁,
재봉,
육아,
청소</td><td>가사실</td><td>. 세탁기 및 세탁을 위한 장소
. 다리미질
. 재봉틀의 설치와 재봉을 위한 장소</td></tr>
<tr><td>다용도실</td><td>. 청소용품의 수납
. 세탁물, 재봉용품 등의 수납</td></tr>
<tr><td rowspan="2">공부
연구</td><td>주인
활동</td><td>서재</td><td>. 책상, 의자, 책장의 설치
. 접객용 가구의설치
. 작업 및 활동장소</td></tr>
<tr><td>아동
학습</td><td>아동실</td><td>. 책상, 의자, 책장의 설치
. 침구, 의류와 수납장소
. 공부, 단란, 취침장소</td></tr>
</table>

하던 일을 쉬는 날 혹은 휴가이거나 방학이거나 아니면 몸이 좋지 않아 스스로 쉬는 날이던지 간에 집에 있는 날이면 온종일 무엇인가를 하게 됩니다. 피곤해서 잠을 늘어지게 잘 수도 있고 좋아하는 텔레비전 프로그램을 한참 들여다 볼 수도 있습니다. 또는 모처럼 가족과 함께 나들이를 할 수 있습니다.

적어도 집 안에 있는 경우에 많은 일을 집에서 할 수 있습니다. 빨래도 해야 하고 맛있는 음식을 할 수도 있고 청소를 하고 컴퓨터를 켜고 오락을 할 수도 있고 욕조에 물을 받아 목욕을 즐길 수도 있습니다. 책을 볼 수도 있고 밀린 다리미질을 할 수도 있고 냉장고를 청소하고 테라스를 청소하고 책을 정리하고 DVD를 빌려 모처럼의 여유를 즐길 수도 있습니다.

그 모든 것은 우리가 살고 있는 편안한 집에서 가능한 것입니다. 그보다도 더 많은 것을 할 수 있습니다. 우리는 집에서 일을 할 수도 있고 자식을 돌보고 부모님을 모실 수가 있고 친구와 이야기를 나눌 수도 있습니다. 반대로 그러한 집이 없다면 우리는 살면서 해야 하고 할 수 있는 일이 많이 줄어들 것입니다. 그러므로 집은 편안한 휴식처 뿐만 아니라 우리가 즐겁고 행복하며 우리 나름의 삶을 유지할 수 있는 곳입니다. 그 안에서 우리가 가족이라고 부르고 우리가 이름을 불러 반길 수 있는 사람들과 어울려 좀 더 나은 삶을 유지할 수 있는 터전입니다.

외출

외출을 하고 집 밖에서 일을 보려 한다면 옷을 입어야 합니다. 누구나 자신이 편하게 생각하는 스타일에 따라서 옷을 입지만, 대부분의 회사원의 경우는 양복에 넥타이를 하게 됩니다. 그 모습도 천차만별이지만 개인마다 서로 다른 자신의 모습을 나름대로 돋보이도록 노력합니다. 자신의 모습은 생김새와 옷차림, 태도와 전체적인 분위기, 억양, 웃음, 동작들, 자세들에 의하여 이미지를 갖게 됩니다. 그러므로 우리가 만들어가는 나 자신의 외향적인 이미지는 옷만으로 되는 것은 아닙니다. 무엇을 생각하고 어떻게 행동하고 어떠한 웃음을 짓는가에 따라 다릅니다. 정작 그러한 태도와 자세는 사람마다 다르기 때문에 어떠한 절대적인 기준이 있는 것은 아닙니다.

누구나 자신이 어떻게 드러나 보이기를 바랍니다. 그리고 자신을 드러내는 방법 중에는 자신이 가진 모습을 더욱 돋보이게 하는 것입니다. 그러므로 자신 있고 격이 있는 옷차림은 누구나 멋지다고 생각하는 것입니다. 와이셔츠, 넥타이, 벨트, 바지, 양말, 재킷을 잘 차려 입는 것도 중요하지만 자신있게 입는 것도 중요합니다. 여성이라면 출근 전이나 나들이 전에 화장을 할 것입니다. 화장대에 앉아 거울을 보면서 자신을 가꾸는 일을 빼놓지 않을 것입니다. 구두와 가방을 챙겨 입고 나서 집을 나섭니다.

우리는 모두 근사한 옷이 가득 들어찬 옷장을 꿈꾸고 그 안에 있는 여러 옷들을 마음껏 입고 나들이 하고 싶은 기대를 가지고 있습니다.

모든 가구들은 사용하는 사람들의 필요에 따라 만들어내는 것입니다. 옷장은 코드, 바지, 재킷과 와이셔츠를 구겨지지 않게 걸어두거나 스웨터, 티셔츠 등을 잘 보관하기 위한 가구입니다. 그러므로 적절한 크기에 따라 수납공간이 분리되어 있습니다. 와이셔츠와 재킷 크기에 따라서 행거 및 선반의 높이와 깊이를 조심스럽게 결정해야 합니다. 이러한 수납공간의 깊이는 와이셔츠와 재킷을 여유 있게 걸어 둘 수 있도록 600 이상으로 합니다. 그래야만 대부분의 옷의 어깨 폭과 허리 너비만큼의 공간을 확보할 수 있습니다. 그리고 상의를 접어두는 수납공간은 폭 300 이상, 깊이 450 이상이 필요합니다. 신발을 넣어두기 위해서는 300 이상의 깊이의 신발장 혹은 선반을 필요로 합니다.

가족과 인사를 나누고 나서 출근합니다. 승용차가 있다면 주차장으로 갈 테지만 버스나 도보를 이용한다면 길을 따라 걷기 시작합니다. 그렇게 해서 우리는 일하고자 하는 직장으로 발걸음을 옮깁니다. 현대 사회는 거의 모든 사람들이 자신의 삶을 위하여 평생 교육을 받고 학습하며 그러한 지식을 특정한 조직을 위하여 일하면서 그에 상응하는 보수와 직책을 통하여 경제적인 활동을 유지합니다. 그러한 경제적인 활동을 통하여 자신이 얻고자 하는 것을 교환할 수 있는 가치를 생산합니다. 그 가치는 개인이 독자적으로 노동력을 통하여 생산한 것이라기 보다는 자신이 속한 조직이 생산하고 교환하는 가치를 통하여 얻게 된 것입니다.

농경시대 이후 개인이 자신만의 노력으로 가치를 생산하는 것은 점점 더 어려워졌습니다. 사람들은 교환을 통하여 생겨나는 가치의 차이에 눈을 뜨기 시작했고 그러므로 시장의 교환가치는 우리시대의 경제적인 가치를 만들어냈습니다. 이제 그러한 자본주의적 세계의 가치는 거의 모든 가치들을 대신하고 있습니다. 그러므로 우리는 자신의 역량을 그 무엇인가와 교환해야만 한다는 것을 잘 알고 있습니다. 우리는 더 많은 개인의 시간을 경제적 가치와 교환하기 시작했습니다. 그러자 개인은 더 많은 시간과 관계 속에 자신을 놓아둠으로써 가치를 확보하기 시작했습니다. 더 많은 상대적 관계는 더 큰 교환가치를 낳았습니다.

네트워크

모든 상대적 가치의 네트워크는 전 지구적 관계를 하나로 만들어 놓았습니다. 네트워크는 그러한 교환을 가속화하면서 생겨났고 그것을 위하여 발전하고 있습니다. 이제 개인의 노동과 가치는 전 지구의 네트워크 안에 놓여 있습니다. 그리고 그 시간적인 연속은 밤과 낮의 구분을 무의미하게 했습니다. 그리고 통신망을 통하여 지구상 어디든 연결할 수 있고 개인의 업무는 그 영역의 한계를 무너뜨렸습니다.

우리가 일을 하러 나서는 것은 개인에게 그러한 경제적 가치를 얻는 것을 목적으로 하는 것이 아닙니다. 모든 개인은 행복할 권리가 있고 또 행복을 통하여 자신의 삶을 이루어 나갈 필요가 있습니다. 그러므로 어떠한 일은 경제적인 가치 이전에 개인의 존재적 가치와 삶의 행복을 위한 과정이어야만 하고 그것을 통하여 삶의 여유를 얻을 수 있어야만 할 것입니다. 그렇기 때문에 집을 나서는 일은 새로운 시간의 시작이고 행복일 수 있습니다.

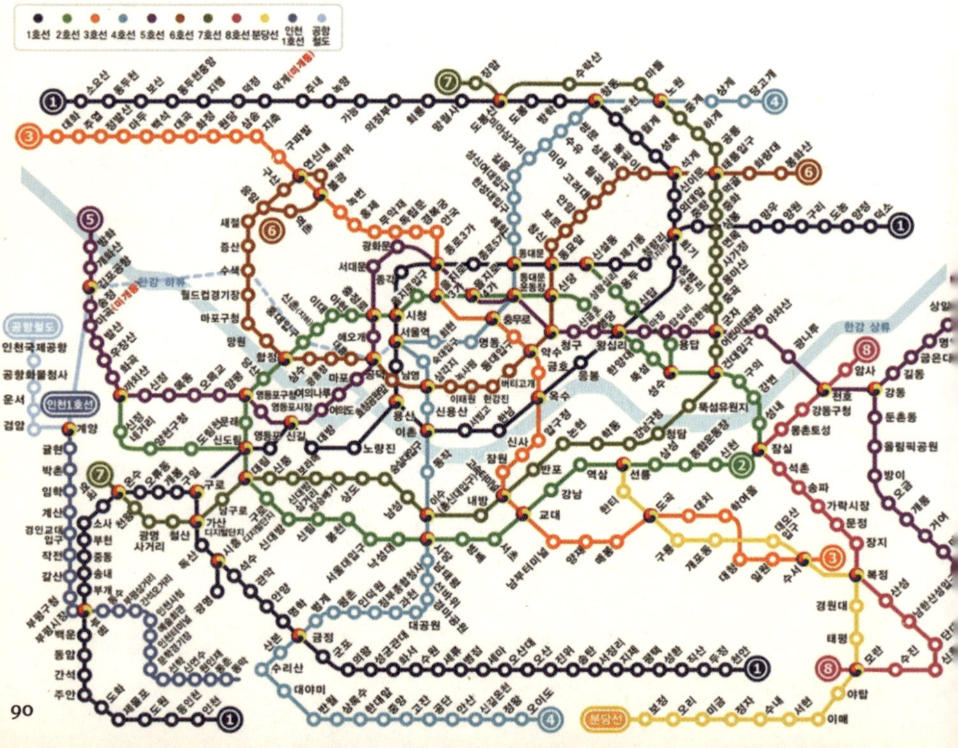

아마도 자동차는 우리시대에 개개인의 새로운 가치와 노동 그리고 시작과 출발, 여유, 여행 등의 자유로움과 성취를 담고 있다고 할 수 있습니다. 우리가 얻고자 하는 시대의 자동차는 이동을 위한 교통 수단이 아니라 자신의 삶의 네트워크를 변화시킬 수 있는 매개체가 되었습니다. 어떠한 면에서 자동차는 우리를 더 멀리 더 빨리 데려다 주지만, 우리가 가능하게 했던 거주의 공간을 파괴하는 원인이기도 합니다. 더 멀리 더 빨리 가게 됨으로써 우리가 이미지로서 지각으로서 이해하고 파악할 수 있는 공간적인 지도를 연속적으로 만들어낼 수 없게 만들었습니다. 우리가 알고 있는 거의 모든 공간은 지하철역이나 버스정류장으로 하나의 네트워크를 구성하며 서로 연결되어 있으나 띠엄 띠엄 사슬처럼 꿰여 있습니다.

여하튼 그렇게 해서 우리는 이 도시를 이해합니다. 그 장소들이 얼마나 많고 얼마나 멀리 있건간에 그 많은 장소들은 서로 어떠한 통로를 통하여 연결되고 있습니다. 그 통로는 실로 다양합니다. 걸어서 가는 길, 자전거 도로, 산책로, 자동차 도로, 버스 노선, 지하철 노선, 항공로, 해로 등 이루 말할 수 없습니다. 그 모두가 우리가 살아가는 길을 연결시켜주고 우리가 살아가는 공간을 만들어냅니다. 우리가 살아가는 공간은 정연한 공간이나 장소라기 보다는 시간과 끊임없는 통로에 가깝습니다. 이 도시의 통로들은 구석구석 인간의 행위와 경험을 닿게 하는 혈관과도 같습니다. 도시는 인간의 창조와 경험을 통하여 확장되고 생명력을 얻습니다. 그래서 우리는 스스로를 유목민, 노마드라고 부르고 이 세계의 모든 행위와 흐름 그리고 네트워크를 통한 결합을 디지털 노마디즘으로 여기게 되었습니다.

주거

집에서 나서면 현관을 거치게 됩니다. 아무리 작은 집이라도 현관이 있는데 그것은 집 내부를 외부와 단계적으로 구분하고 내부만의 독립적인 영역을 얻기 위한 것입니다. 어떠한 공간도 나름의 영역과 한계 그리고 심리적인 안정감을 유지하기 위하여 나름의 조절방법들을 가지고 있습니다. 우리는 현관 뿐 아니라 현관 앞에 세워져 있는 경계와 단, 차단벽 그리고 발을 늘어뜨리기도 합니다.

아파트에 사십니까 ? 빌라 ? 단독주택 ? 아니면 ?

현관 문을 열고 나서면 밖으로 나가기 전에 엘리베이터 혹은 계단실을 거쳐서 계단참과 엘리베이터 전실을 통해서 아파트 출입구를 지나야 하고 우편함에서 편지를 고르는가 하면 출입구에는 비를 피해 서 있을 만한 지붕이 달린 처마 아래 작은 공간이 있습니다. 그리고 대부분은 몇 단의 계단을 걸어 내려갑니다. 계단이 아니면 노약자나 장애인을 위한 경사로를 따라 걸어 내려가야 합니다.

그처럼 외부에서 집 안으로 들어서기 위해서는 잘 조정된 공간들을 많이 거쳐야만 합니다. 그러한 단계를 요구하는 이유는 거의 모든 공간들이 그 단계 단계에서 더 많은 주의를 요구하고 또 좋은 공간을 위한 행위들을 가능하게 하기 때문입니다.

현관 앞에서 가족과 포옹을 하기도 하고 아내와 키스를 나누며 인사할 수도 있습니다. 아이들을 반기거나 손님을 맞을 수도 있습니다. 또 출입구 밖에서 사람을 맞이할 수도 있고 계단에 앉아 오랜만에 친구와 이야기를 나눌 수도 있습니다.

잘 정리된 정원은 집이 가진 외형을 잘 가꾸어 준다기 보다는 집이 가진 정서적인 가치를 배가시켜 줍니다. 우리는 모두 자신의 집, 거처 혹은 주거지가 그 어떤 상황보다도 더 자연스럽고 아늑하기를 바랍니다. 그 이유는 거처가 어떠한 곳보다도 더 여유롭고 사람들로부터 안전할 뿐만 아니라 소음과 지나친 일과로부터 멀리 벗어나기를 기대하기 때문입니다. 우리시대가 만들어낸 거대한 밀도와 혼란스러운 도시로부터 벗어날 수 있는 곳이기 때문 입니다.

아파트 단지의 입구를 들어서자마자 나무로 둘러싸인 잔디밭, 잘 정리된 정원과 흐르는 물은 도시를 가득 메운 빌딩과 하루 종일 부딪치는 사람들, 소음과 매연을 뿜는 자동차, 한시도 쉬지 않는 기계들로부터의 탈출이고 또한 휴식을 의미합니다. 그것은 나의 집을 외부와 차단시켜 줍니다. 그러므로 나의 집은 가장 아늑한 곳입니다. 그 안에서 평안하고 휴식과 보호가 있는 곳이 됩니다. 또한 우리는 매일 집에서 자신을 돌보고 그곳을 벗어나 일을 마치고 다시 집으로 돌아옵니다.

현관, 복도, 계단, 단

우리가 살고 있는 아파트, 연립, 빌라, 다세대, 다가구, 단독주택의 경우 모두 그 나름의 매개공간을 지니고 있습니다. 그러한 매개공간은 정해진 활동영역을 서로 연결시키고 더 효율적이게 만들어줍니다. 거실, 침실, 주방, 식당, 화장실, 테라스, 베란다, 욕실 등을 서로 이어주고 이 공간들 사이에 적정한 프라이버시와 독립성을 부여합니다. 또 동적인 상태와 정적인 상태의 공간들 사이에 있는 점진적인 부드러움도 제공합니다.

건축은 모든 상호관계에서 활기찬 생명력을 보여줍니다. 종종 공간 내에서 대조적인 가지는 동시에 경험될 수 있습니다. 정반대의 특성들은 서로 혼합되어 예상하지 못한 통합과 병렬을 생산합니다. 혼합물들은 빛과 어둠, 시끄러운 것과 조용한 것, 바람과 고요, 능동적인 것과 수동적인 것, 자연적인 것과 인공적인 것과 같은 감각적인 이원성의 극단으로부터 함께 뒤섞여집니다.

영역적인 이원성으로서 사적인 것과 공적인 것, 집합적인 것과 개별적인 것, 그리고 거주민의 것과 방문객의 것 사이의 구분이 됩니다. 그러한 통합의 두 번째 방식은 공간적인 것입니다. 건축물의 껍데기의 좁고 얇은 경계선은 여러 바닥 높이의 변화로 펼쳐지고 사람들이 점유할 수 있는 한계점을 만들어냅니다. 이 한계선은 내부 영역 안에 존재하는 전이공간을 형성합니다.

현관, 복도, 계단은 그러한 전이공간, 상호작용의 공간, 통합과 대립적인 영역을 만들어냅니다.

계획요소	현관	복도	계단
위치	방위와 무관, 도로, 경사도, 대지형태에 영향	북서방향	북서방향, 복도와 연결. 현관, 홀, 식당, 욕실 등과 인접
크기	1.8m × 1.8m 최소 1.2m × 0.9m	최소 폭 90cm 이상 일반적으로 100 ~ 120cm	복도 폭과 동일 단 높이 23cm 이하 단 너비15cm 이상
면적비율	연면적의 7%	연면적의 10%	적정 비율
계획요소	내부 직접 노출 지양하고 가족 외 손님 고려	소규모 주택에 비경제적	법규에서 정한 치수와 사용 자 특성을 고려

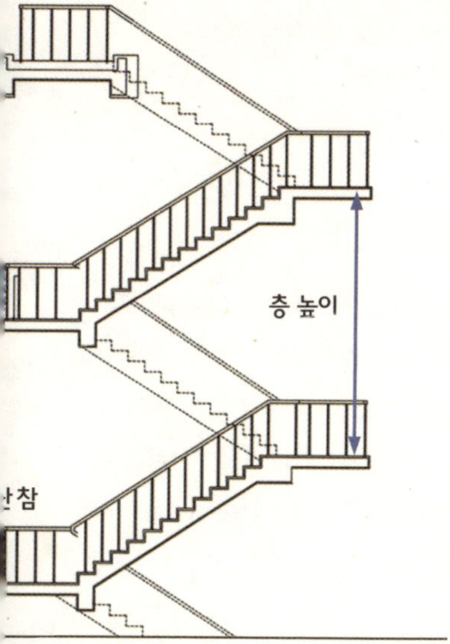

계단은 우리가 걸어 올라가고 내려가기 손쉬워야 하고 또 발을 딛기에 안전해야 합니다. 일반적으로 계단의 한 단의 높이는 180, 단 너비는 280 정도가 적합합니다. 그리고 계단의 경사는 30도 정도가 안전합니다. 또 계단은 한꺼번에 너무 높은 곳까지 설치할 수 없고 높이 3m마다 너비 1.2 m의 계단참을 설치해서 쉬어 가도록 하고 만일의 사고를 줄일 수 있어야 합니다. 또 800 ~ 850 높이의 난간을 설치해야 하고 아파트와 같이 높은 건물에서는 화재와 같은 만일의 사고에 피난을 위한 통로로 사용할 수 있도록 충분히 튼튼하고 화재로부터 안전하게 설치되어야 합니다. 또 계단마다 끝부분에 논슬립을 설치하여 미끄러짐을 방지해야 합니다.

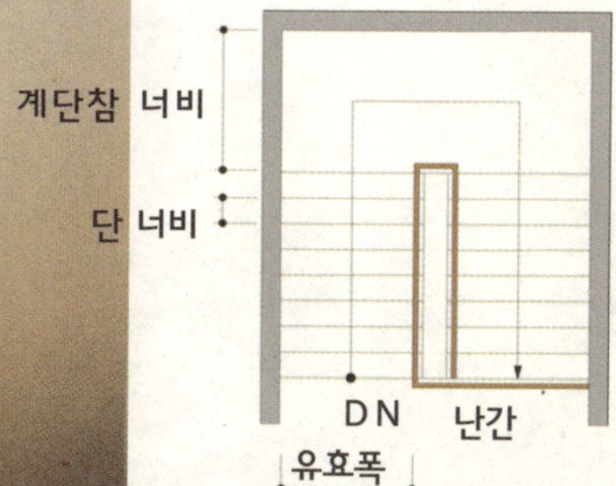

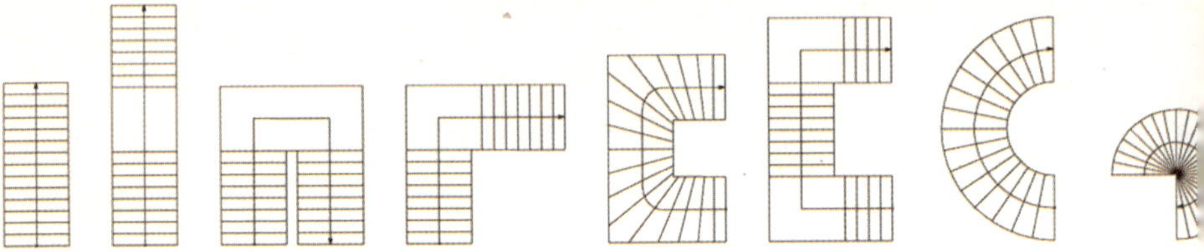

계단의 종류

계단은 건축물의 높이를 변화시키고 수직적인 이동과 공간을 유도할 수 있는 수단입니다. 하나하나의 단들은 모여서 점진적인 리듬과 통일을 이루어냅니다. 계단의 크기와 패턴 그리고 형태는 단순히 밟고 올라서는 도구가 아니라 조형물이며 공간의 매개점이며 앉아 쉴 수 있는 곳이며 이야기를 나누고 누군가를 반기고 높은 곳을 기대하고 그 너머를 떠오르게 하고 서로 다른 두 장소를 잇기도 하지만 두 장소가 가진 차이를 드러나게 하고 높은 곳을 향한 절정의 인내와 성취를 불러일으키기도 합니다.

높이를 달리하는 단은 거의 모든 건축물을 공간적으로 변화시키는 수단입니다. 그리고 그 단은 높이를 가짐으로써 수직적인 변화를 가능하게 합니다. 단층의 건축물에 높이를 부여하고 그 높이에 따라 서로 다른 영역과 경계를 만들어냅니다. 수많은 영역과 그 영역의 상호관계를 만들어냄으로써 건축물과 공간이 살아 있고 생명력을 통하여 끊임없이 변화할 수 있도록 합니다.

우리 도시는 끊임없는 통로의 연속이고 그 통로는 커다란 자동차 도로를 너머 보행자 통로에 이르고 모든 건축물의 출입구에 이르게 됩니다. 이 출입구 너머 층층이 쌓인 공간들에 닿을 수 있는 것은 계단을 통해서입니다. 그리고 오늘날 더 높이 솟아 오르는 높은 마천루들은 계단과 엘리베이터가 있었기에 가능한 것입니다. 이 놀라운 세계를 만들어낸 것은 바로 높이를 변화시킨 단의 결과입니다.

전통적인 한옥에서도 여러 켜와 켜를 통하여 많은 공간들은 서로간에 연속적인 변화를 부드럽게 수용하면서 나름의 독자적인 영역을 얻게 됩니다. 하나의 장소가 다른 장소와 만나기 위하여 작은 문과 계단, 디딤돌로 조정됨으로써 전이공간은 매우 다양한 상호작용과 통합을 만들어냅니다.

수많은 단과 그 단이 만들어내는 드라마틱한 공간의 변화는 고대로부터 가장 중요한 건축물의 중심이 되는 테마였습니다. 고대의 신전, 분묘, 궁전, 성전에서 그 모든 것이 수없이 이어진 계단과 기둥 그리고 높이를 달리하는 단들의 연속을 발견할 수 있습니다. 이집트에서도, 마야에서도, 인도에서도 거의 모든 곳에서 수많은 계단과 기단은 가장 아름답고 장엄한 공간의 연출이었습니다.

Mortuary Temple of Queen Hatshepsut. Egypt. B.C.1470.

Pyramid of the Magician. Maya

Keshava Temple. Somnathpur. Indo.

우리가 만들어낸 도시는 수많은 경계와 단, 벽으로 이루어진 거대한 공예품입니다. 하나 하나가 의도된 창조물이고 나름의 높이와 깊이, 폭, 넓이, 길이를 지니고 있습니다. 이러한 수치들은 단순히 형태를 창조하는 것이 아니라 보고 듣고 느끼고 경험하는 감각과 감정 그리고 상상의 세계를 구축합니다. 그러므로 도시는 뛰어난 예술품이고 삶의 무대가 될 수 있습니다. 수많은 단과 그 단이 만들어내는 드라마틱한 공간의 변화는 고대로부터 가장 중요한 건축물의 중심이 되는 테마였습니다.

고대의 신전, 분묘, 궁전, 성전에서 그 모든 것이 수없이 이어진 계단과 기둥 그리고 높이를 달리하는 단들의 연속을 발견할 수 있습니다. 조선시대의 수많은 전통 건축물 역시나 연이어 있는 단과 경계 그리고 기단을 통하여 드러난 수직적인 상승, 그 기단을 가르는 네 방향의 계단들이 근정전을 들어 올리고 근정전의 수직 부재들은 구조적으로 안정된 6개의 기둥을 이루며 수평적인 분할을 점진적으로 고조시키고 있습니다. 이 수평적인 상승은 날아 오르는 듯한 지붕선을 통하여 더욱 상승되고 결국에는 파란 하늘 위에 흘러 들어가는 자연스러운 곡선을 낳았습니다.

경복궁 근정전

경복궁 만춘전

아파트의 출입구에 볼 수 있는 단의 변화는 전통적인 공간에서도 찾아볼 수 있습니다. 이러한 높이를 다르게 조정하는 단의 주요한 특성은 또한 전통적인 공간의 계단에서 뛰어나게 표현되어 있습니다. 작은 스라브 혹은 목재 데크 즉 마루는 각각의 개별 실이 갖는 출입구 앞에서 개인이 편안하게 앉고 무엇을 하거나 쉴 수 있는 장소를 동시에 제공합니다. 우리는 이 곳을 툇마루라고도 합니다. 여기서 사람들은 비오는 날에 빗방울과 흙탕물을 피하여 계단을 오를 수 있으며 사랑하는 사람에게 인사를 나눌 수도 있습니다. 마당을 따라 놓여진 걷다가 발견되는 디딤돌은 우리를 높이 올려진 건물과 그 앞에 좁게 모든 건물을 감싸고 있는 작은 마루 위로 이끌어줍니다. 마치 일련의 현관 계단을 따라서 나타나는 흙, 디딤돌, 석재의 단, 나무 마루 그리고 출입구의 장식은 더욱 더 자연적이고 구체화된 대지로 오르는 것처럼 느끼게 됩니다.

넓은 마루와 그 마루와 대응하여 둘러져 있는 정원의 언덕은 그 자체로 많은 문들과 대응하는 열려진 관계들을 만들어냅니다. 우리는 정원과 날아 오르는 듯 조용히 안고 있는 처마 아래 건물 몸체가 안고 있는 공간을 확인합니다. 정원과 건물, 두 세계 사이에 존재하는 여러 단들에 의하여 강화되고 여전히 온화하고 부드러운 도약을 의식하게 됩니다.

엘리베이터

우리 주변에는 그러한 계단 뿐만 아니라 에스컬레이터, 엘리베이터와 같은 자동화된 수직 이동장치가 있습니다. 이 장치들은 고층 아파트의 출입구로부터 각 세대로 연결되고, 도시의 빌딩들이 높이 솟아 오를 수 있었던 이유이기도 합니다. 엘리베이터는 더 크고 더 높은 건축물을 가능하게 해 주었습니다. 이러한 엘리베이터는 어떻게 움직이고 어떠한 구조를 가지고 있습니까?

엘리베이터는 최근에 와서 거의 모든 빌딩에 설치됩니다. 거의 모든 건물에서 수직통로로서 엘리베이터는 계단보다 우선시되고 있으며 계단은 대부분 비상통로 혹은 피난계단으로 사용되고 있습니다. 점점 더 많은 사람들이 건축물을 사용하고 있으며 또 기술적으로 뛰어난 엘리베이터 설비가 가능해졌습니다. 엘리베이터는 최소한의 사용인원이 요구될 때 경제적으로 설치할 가치가 있습니다. 그러므로 설치되는 건축물의 사용인원과 빈도를 고려하여 설치합니다.

주로 고려하는 것은 사용건축물의 인구밀도입니다. 건축물의 1인당 소요면적이 작을수록 설치에 유리합니다. 또 엘리베이터 1대당 발생하는 교통량은 건축물의 내외부로 출입하는 사람들과 건축물 내부에서 이동하는 사람들의 빈도에 따라서 비롯됩니다. 출입교통량은 특정한 시각에 집중됩니다. 1일 중 일정 시각과 시간대에 집중하는 경향이 있는데 보통 러시아워 시간대의 집중도가 가장 크므로 이때 가장 집중된 5분간의 집중률로 표시하여 최고 집중시각에 교통량을 해소하도록 규모를 산정합니다.

법적으로 6층 이상의 건축물에는 엘리베이터(승강기)를 설치하도록 되어 있습니다. 그리고 자세히 보면 연면적이 2000m^3일 경우로 규정되어 있으며, 각 시설별로 6층 이상의 거실면적 합계에 따라 승강기의 설치대수는 다르게 규정되어 있습니다. 또 건물 높이가 31m를 넘는 경우에는 비상용 승강기를 설치하여야 하며 승강기가 움직이는 엘리베이터 실은 구조적으로 안전하고 화재 및 지진 등의 재난에 견딜 수 있도록 하여야 합니다.

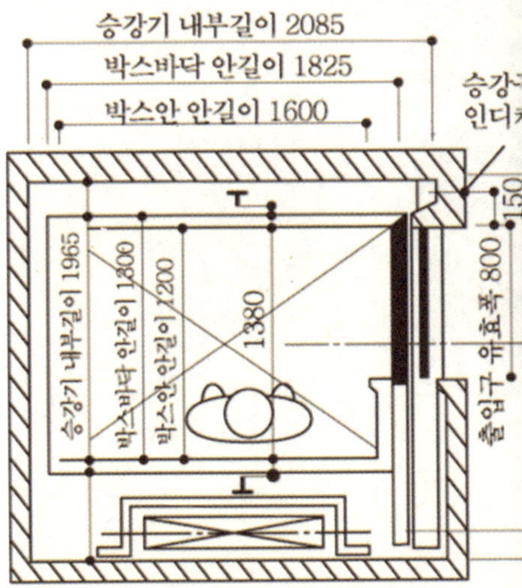

엘리베이터의 평면

엘리베이터는 노약자와 장애인이 사용하는데도 편리한 이동 기구입니다. 최근의 지하철이나 공공시설에는 이들을 위한 엘리베이터를 설치하고 있습니다. 엘리베이터는 승용엘리베이터와 화물엘리베이터 그리고 비상용 엘리베이터 등으로 구분됩니다.

또 장애인을 위한 엘리베이터는 휠체어를 사용하는 사람을 위한 최소한의 공간을 마련해야 하는데 1.4 x 1.4m의 대기 전면공간을 확보해야 합니다. 엘리베이터 내부는 바닥면적이 폭 1.1 x 1.35m 이상 확보되어야 휠체어를 타고 움직일 수 있습니다.

엘리베이터 내부는 휠체어 사용자가 편리하게 조작할 수 있도록 조작반을 낮게 설치합니다. 엘리베이터 진입방향의 우측면에 가로형으로 설치하는데 그 높이는 바닥에서 85cm 내외의 높이로 설치합니다.

엘리베이터는 후면에 엘리베이터 박스의 무게와 균형을 잡기 위한 추가 도르래 형식으로 연결되어 있습니다. 그래서 엘리베이터 혹은 추 가운데 한쪽이 올라가면 다른 한쪽이 내려가게 되어 있습니다. 이러한 방식은 기계실이 최상층에 설치되어 있습니다. 추와 엘리베이터 박스를 연결하는 로프를 움직여 주는 기계가 설치되어 있습니다. 그러나 추가 없이 저층을 운행하기 위하여 유압식 펌프를 통하여 엘리베이터 박스를 들어 올리는 방식이 사용되기도 합니다. 이 경우 기계실이 최하층에 설치됩니다.

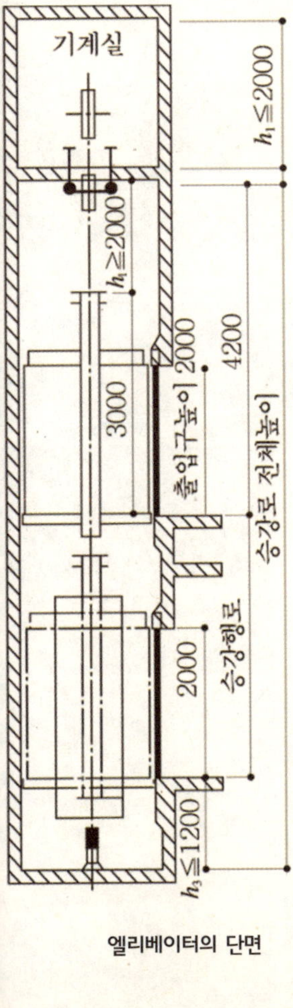

엘리베이터의 단면

E4

주차장

단독주택에 마련된 주차장은 도로와 주택의 주변공간, 또는 기계설비실이나 정원 등으로 연결되는 중간에 배치되어 있습니다. 차고는 물을 끌어들여 사용할 수 있도록 하고, 1/50 정도의 바닥 물매를 두어 물이 잘 빠지도록 합니다. 차고 안쪽에는 15cm정도의 차량 정지 표시를 큰크리트로 만들어 높여주는 것이 좋으며, 차고 바닥이 외부보다 낮을 때에는 피트(pit)를 설치하여 오수(汚水)를 차단해야 합니다. 차고 내에서 간단한 수리 정도와 작업, 세차를 겸할 때에는 그 외에 1.2m 이상은 더 확보하여야 합니다.

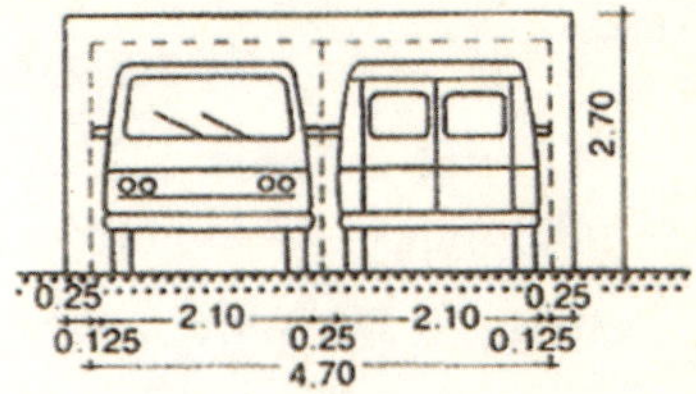

Van/van

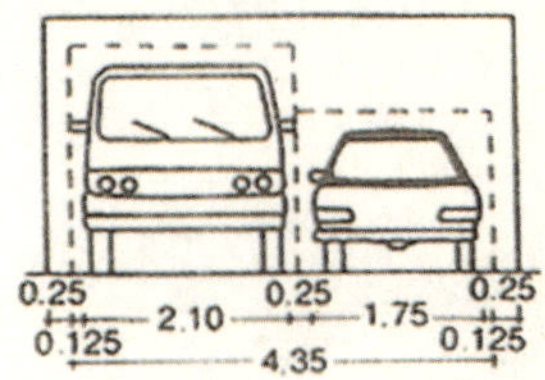

Van/car

주차장의 크기

① 최소 : 자동차의 폭과 길이보다 1.2m 더 크게 합니다.

② 주택 전용 차고의 크기 : 3.0 × 5.5m.

③ 천장높이는 일반적으로 2.1m 이상을 유지

④ 자동차의 문 폭의 여유로 700mm 이상은 유지합니다.(2대용 차고는 차체간의 넓이와 승하차 공간을 확보할 수 있게 합니다.)

⑤ 차고 내에서 자동차와 한 측벽 사이는 200~300mm 이상 확보합니다.

주차장의 크기는 대부분 1 대의 승용차와 다른 장비들을 보관할 수 있는 크기로 설치하게 됩니다. 오른쪽 그림은 최소한의 주차장 크기를 미터로 표시하여 나타낸 것입니다.

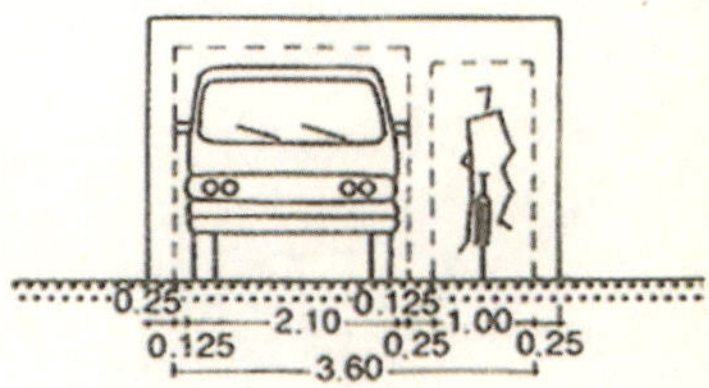

Van/bicycle

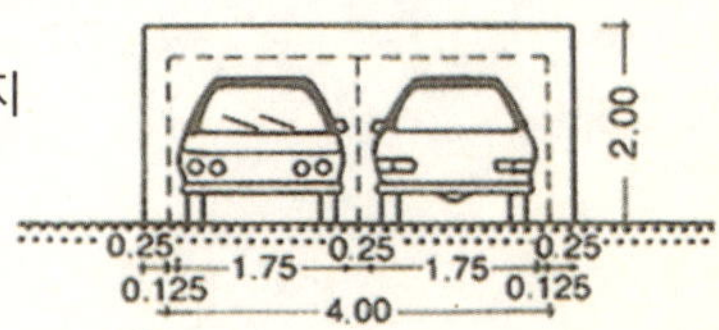

Car/car

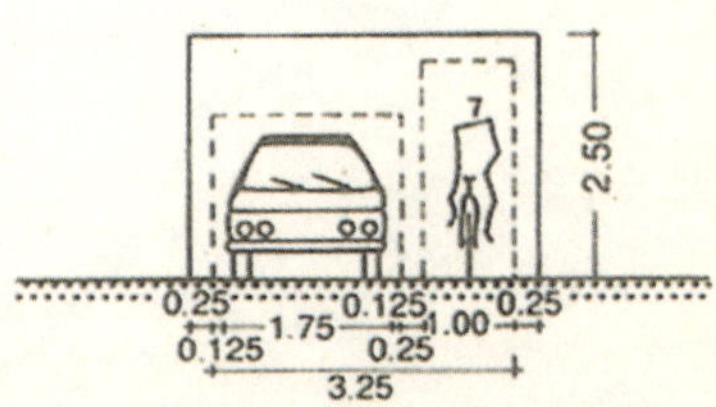

Car/bicycle

자동차의 주차장은 최소 2.3 X 5m의 간격으로 구획을 정하여 설치합니다. 좀 더 여유 있는 주차장은 2.5 X 6m의 크기로 구획으로 그려져 있기도 합니다. 대부분의 아파트나 노변 주차장은 직각주차, 30°주차, 45°주차, 60°주차 등으로 주차구획이 그려져 있습니다. 이렇게 그려진 주차장은 적어도 한편으로 차로가 확보되어져 있습니다. 차로의 크기는 양방향인자 혹은 일방통행인지 그리고 주차 각이 어떠한가에 따라서 다른 크기의 차로폭이 요구됩니다.

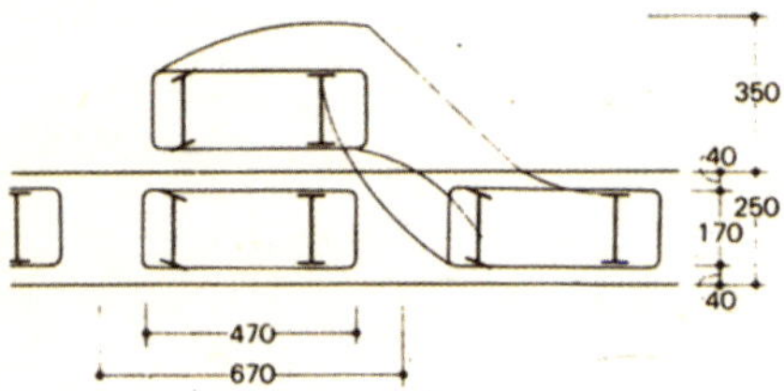

평행주차

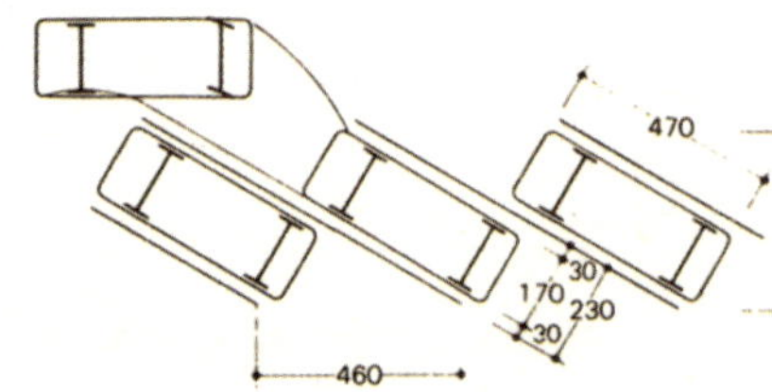

30도주차

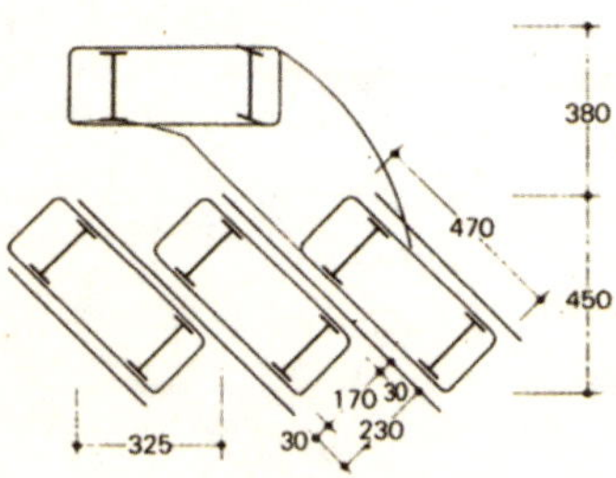

45도주차

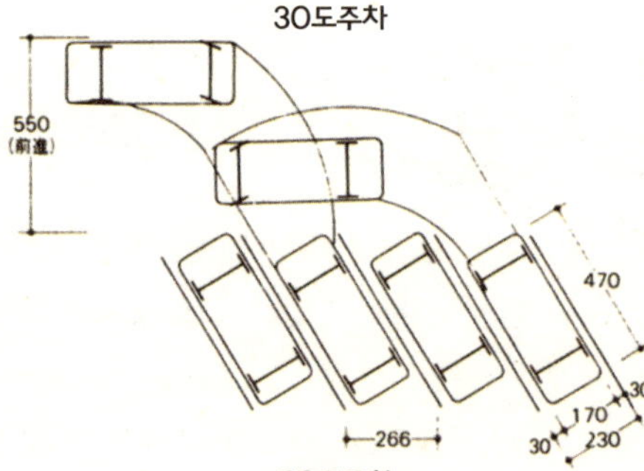

60도주차

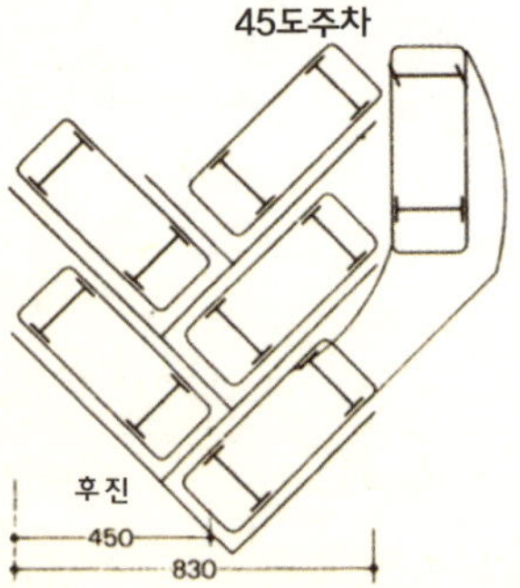

45도교차주차

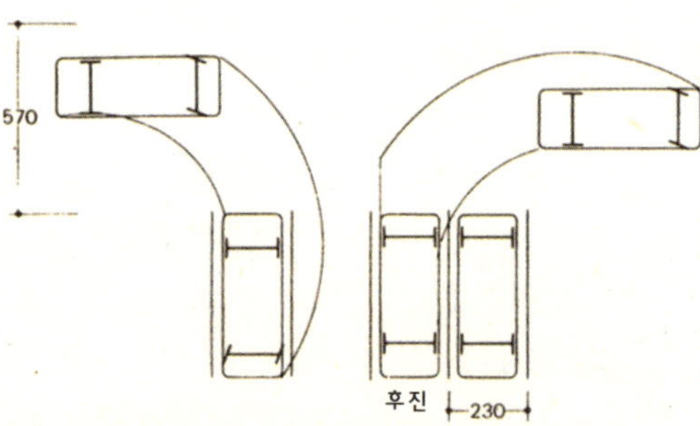

직각주차

대부부의 노상주차는 평행주차입니다. 차도폭이 3.5m이고 일방통행로인 경우에 이용됩니다. 30도주차는 전진주차시에 주로 사용되며 차도 폭은 좁아도 좋지만 주차면적은 조금 넓어집니다. 45도주차는 전진 후퇴 모두 사용할 수 있습니다. 또 45도 교차주차는 주차소요면적을 절약할 수 있습니다. 60도 주차는 전진과 후퇴에 사용되고 1대당 주차 소요면적이 절약됩니다. 직각주차는 도로폭은 크게 사용되나 주차면적이 가장 적게 소요됩니다.

오늘날 우리는 더 높고 더 밀도가 크고 주변과 격리된 격자 속에 자신의 거처를 얻고 있습니다. 그것은 주변 환경을 점점 도시화시켜 외부공간과 자연적인 수단을 통한 거주지의 안정과 평안을 얻지 못하는 상황을 가져 왔습니다. 우리 거주지 주변으로 마구 달리는 자동차들이 넘쳐나고 지나친 소음과 수많은 이방인들이 우리가 정원으로 여길만한 인근 지역을 점령하고 있습니다.

또 많은 시간을 직장이나 외부의 장소에서 소모하는 것이 일상적이 되어 더 이상 거주지는 자신의 삶 전부를 유지하는 터전이 아니게 되었습니다. 매일 아침 직장이나 학교를 향하는 대부분의 사람들은 도시에 내던져진 것처럼 가속화된 도시 네트워크 속에 빨려 들어갑니다. 이러한 경우에 생활 공간은 도로와 차량으로부터 적절한 거리를 두어야 하고 차단시설을 설치하는 것이 바람직합니다.

2. 도시환경의 건축물과 건축공간

우리 도시는 수많은 건축물과 장소들로 이루어져 있습니다. 도시에서 경험하고 살아간다는 것은 건축을 하고 만들고 경험하고 변화시키는 것이기도 합니다. 이 장에서는 여러분이 살고 있는 이 도시에서 어떠한 건축적인 사건과 경험이 이루어지는 여러 건축물과 그 의미를 살펴 보고자 합니다.

305
샛별마을
라이프
101
102
70
동시신호
샛별사거리
Saetbyeol Jct

주거의 구분

우리가 이처럼 놀라운 도시에 살기 전에 그리고 도시에 지금 처럼 많은 사람들이 살기 전에는 대부분 사람들은 단독주택에 살았습니다. 오늘날 우리는 아파트, 빌라, 다세대, 연립과 같은 다양한 주거형식에서 살고 있습니다. 이러한 주거의 구분은 건축법에서 분명히 하고 있습니다.

1. 단독주택(가정보육시설 · 공동생활가정 및 재가노인복지시설을 포함한다):

가. 단독주택

나. 다중주택 : 다음의 요건 모두를 갖춘 주택을 말한다.

(1) 학생 또는 직장인 등 다수인이 장기간 거주할 수 있는 구조로 되어 있을 것

(2) 독립된 주거의 형태가 아닐 것

(3) 연면적이 330제곱미터 이하이고 층수가 3층 이하일 것

다. 다가구주택 : 다음의 요건 모두를 갖춘 주택으로서 공동주택에 해당하지 아니하는 것을 말한다.

(1) 주택으로 쓰이는 층수(지하층을 제외한다)가 3 개층 이하일 것. 다만, 1층 바닥면적의 2분의 1 이상을 피로티 구조로 하여 주차장으로 사용하고 나머지 부분을 주택 외의 용도로 사용하는 경우에는 해당층을 주택의 층수에서 제외한다.

(2) 1 개동의 주택으로 쓰이는 바닥면적(지하주차장 면적을 제외한다)의 합계가 660제곱미터 이하일 것

(3) 19세대 이하가 거주할 수 있을 것

라. 공관

2. 공동주택(가정보육시설·공동생활가정 및 재가노인복지시설을 포함한다). 다만, 가목 또는 나목의 경우 층수를 산정함에 있어서 1층 전부를 필로티 구조로 하여 주차장으로 사용하는 경우에는 필로티 부분을 층수에서 제외하고, 다목의 경우 층수를 산정함에 있어서 1층 바닥면적의 2분의 1 이상을 필로티 구조로 하여 주차장으로 사용하고 나머지 부분을 주택 외의 용도로 사용하는 경우에는 해당 층을 주택의 층수에서 제외한다.

가. 아파트 : 주택으로 쓰이는 층수가 5개층 이상인 주택

나. 연립주택 : 주택으로 쓰이는 1개동의 바닥면적(지하주차장 면적을 제외한다)의 합계가 660제곱미터를 초과하고, 층수가 4개층 이하인 주택

다. 다세대주택 : 주택으로 쓰이는 1개동의 바닥면적(지하주차장 면적을 제외한다)의 합계가 660제곱미터 이하이고, 층수가 4개층 이하인 주택

라. 기숙사 : 학교 또는 공장 등의 학생 또는 종업원 등을 위하여 사용되는 것으로서 공동취사 등을 할 수 있는 구조이되 독립된 주거의 형태를 갖추지 아니한 것

낙선재 후원

우리들은 높이 솟은 아파트에 살거나 연립주택, 다세대주택에 살고 있습니다. 이러한 공동주택은 동일한 대지면적에 더 많은 세대가 살 수 있도록 고안된 것입니다. 이제 단독주택은 도시에서 찾아보기가 점점 어려워지고 있습니다. 그러나 여전히 가장 아늑하고 아름답고 편안하며 훌륭한 주거는 단독주택의 이미지로 남아 있습니다.

주거의 유형

흔히 연립주택이라고 하는 것은 동일한 유닛의 주거를 연속적으로 계획하는 것으로 660제곱미터를 초과하는 4층 이하의 공동주택입니다. 이러한 법적인 규정에 의하여 연립주택을 아파트와 다세대, 주상복합 등과 구분하고 있습니다. 연립주택의 유형은 그 기원이 서양식 주거인 만큼 유럽과 미국에서 발전한 형식입니다.

공동주택의 유형과 그 관계는 개별적인 세대의 주거 유닛을 수평으로 병렬하거나 수직으로 적층시켜 공동주택 주거 건축물을 만들어냅니다. 단층으로 된 연립주택을 플랫, 즉 단층연립주택이라 하며, 1세대가 2~3층을 다 쓰고 있는 메이저넷(maisonette)과 구분하고 있습니다. 특히 1세대가 상하로 3층을 전부 사용하는 경우를 트리플렉스(triplex)라 합니다. 2세대만이 붙어 있는 것을 더블 하우스(double house) 또는 2호 연립주택(semi-detached house)이라고 부릅니다.

로우 하우스(row house)는 흔하게 볼 수 있는 일반적인 저층 연립주택으로 도시 가로에 면해서 연속된 주거 유닛이 반복적으로 나열된 주거군입니다. 그러므로 띠를 이루듯 주거군을 형성하고 있습니다. 타운 하우스(town house)는 출입문이 분리된 여러 가구의 주택을 한 개의 건물로 이어서 짓는 것으로 이들 주택은 공동주택이라기 보다는 단독주택에 가깝도록 개인의 정원과 출입구를 확보하도록 하였습니다. 타운하우스는 개개의 주거 유닛은 단독주택의 형식을 취하고 있으나 이웃하는 주택과 서로 하나의 벽으로 공유하도록 지어진 것입니다.

정원식 주거(courtyard garden house)는 흔히 중정형 주거, 파티오 하우스 등으로 불리는 것으로 개별적인 정원을 향하여 L 형의 주거 매스가 감싸듯 배치되며 정원은 외부 환경과 충분히 차단되어 프라이버시를 가질 수 있습니다. 테라스 하우스 (Terraced house)는 각각의 주거 유닛은 개별적 정원과 테라스 등을 가지고 있으며 각각의 주거는 연속적으로 동일한 형태로 반복됩니다. 스텝 하우스(stepped house)는 경사지 혹은 지형의 변화에 따라서 연속적으로 동일한 유닛을 적층시키면서 주거 유닛을 후퇴시키거나 규모를 달리하여 외부에 테라스를 마련한 주거형식입니다. 외부공간을 활용하고 테라스는 저층 주거의 내부공간의 상부 슬래브에 위치하게 됩니다.

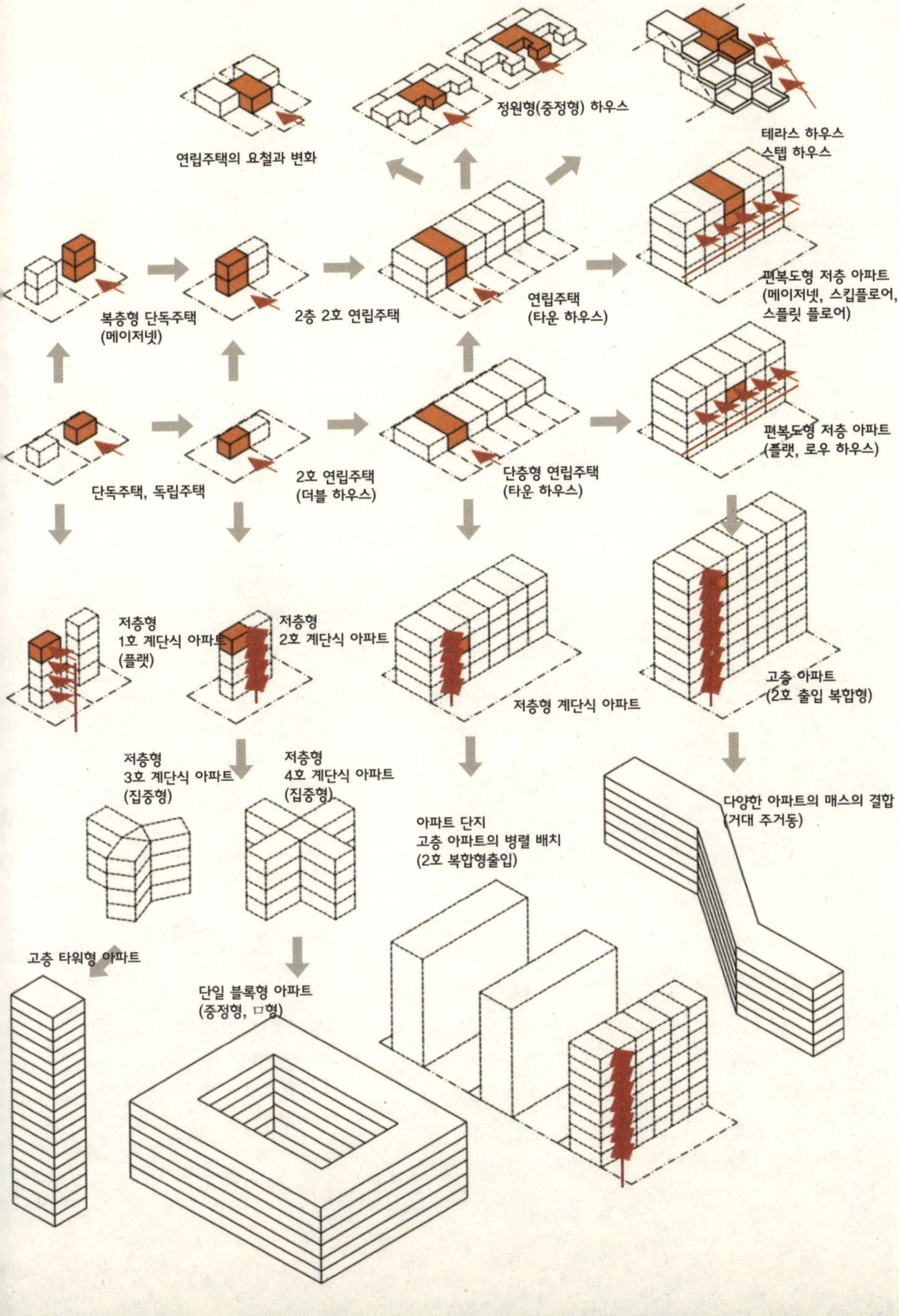
연립주택의 요철과 변화
정원형(중정형) 하우스
테라스 하우스
스텝 하우스
복층형 단독주택
(메이저넷)
2층 2호 연립주택
연립주택
(타운 하우스)
편복도형 저층 아파트
(메이저넷, 스킵플로어,
스플릿 플로어)
단독주택, 독립주택
2호 연립주택
(더블 하우스)
단층형 연립주택
(타운 하우스)
편복도형 저층 아파트
(플랫, 로우 하우스)
저층형
1호 계단식 아파트
(플랫)
저층형
2호 계단식 아파트
저층형 계단식 아파트
고층 아파트
(2호 출입 복합형)
저층형
3호 계단식 아파트
(집중형)
저층형
4호 계단식 아파트
(집중형)
아파트 단지
고층 아파트의 병렬 배치
(2호 복합형출입)
다양한 아파트의 매스의 결합
(거대 주거동)
고층 타워형 아파트
단일 블록형 아파트
(중정형, ㅁ형)

여러분은 어떠한 곳에 살고 있습니까? 우리가 빌라라고 부르는 것은 대부분이 연립주택이거나 다세대 주택을 일컫는 것입니다. 종종 원룸이라고 부르는 것도 있는데 그것은 침실, 거실, 주방, 식당이 개별적인 실로 혹은 공간적으로 구분되어 있지 않고 욕실과 화장실만 두어 효율적으로 사용하도록 계획된 주거형식입니다. 그 밖에도 주상복합, 오피스텔과 같은 다양한 주거형식이 있습니다. 이러한 여러 형식들은 사용자의 편의에 따라서 생겨난 것입니다. 오늘날 거의 대부분의 사람들은 자신이 원하는 곳을 선택하고 그 곳에 자신이 바라는 집을 짓고 살기가 쉽지 않습니다.

지나치게 치열한 경제적인 활동과 도시의 확장으로 우리는 살기 위한 공간보다는 생산하고 활동하고 서비스하기 위한 공간들에 더 많은 영역을 부여하고 있습니다. 그러므로 우리가 살고 있는 대부분의 주거까지도 그러한 경제적 원칙에 지배를 받습니다. 우리는 누군가가 적정한 크기의 공간을 수익을 위하여 건설해 놓은 주거를 빌리거나 구입함으로써 자신의 집을 얻게 됩니다. 이 도시는 우리가 보고 걷고 경험할 수 있지만 우리가 직접 생산한 것은 아닙니다. 그러나 이 도시는 우리 자신의 움직임과 활동으로 생명력을 얻습니다.

주거 밀집지역에서는 단독주택, 원룸형 주택, 연립주택, 빌라, 다세대, 다가구, 아파트, 오피스텔 등이 혼재하고 있습니다. 매우 정돈되고 획일적인 주거지역보다는 더 자유롭고 다양한 가능성이 존재하는 것도 사실입니다. 다양한 사람들이 자신의 공간을 확보하고 나름의 삶을 살아갑니다. 그러나 자신의 집이 갖는 편안함과 안정된 삶은 매우 중요한 근거가 됩니다. 우리는 각자가 원하는 곳에 적절한 공간을 갖는 거주지를 얻고자 합니다. 이 도시에는 이러한 주거지역이 여러 곳에 존재하고 주거지역마다의 특징을 갖고 있습니다.

그러한 주거지역의 특성은 주거지역이 만들어진 도시적 형상과 건축물의 형태에 영향을 받지만 그 안에서 살고 있는 개인의 모습과 삶의 방식에서 결정됩니다. 자연스럽게 이 도시에는 서로 다른 생활방식을 갖는 영역들이 생겨났습니다. 그리고 그러한 지역과 그 안에 살고 있는 사람들 사이에 삶의 방식과 의식이 다르게 변화하였습니다. 개인이 살고 있는 거주의 형태와 생활의 방식은 점점 다른 문화를 생산합니다. 이 도시에는 너무나 많은 차이와 동일성이 혼재되어 있습니다. 그것은 매우 훌륭한 결과이기도 하지만 종종 많은 문제를 생산하기도 합니다.

도곡 동부 센트레빌

302
432
433
432
302
용인 현대 I Park

대부분의 판상형의 아파트는 수직 엘리베이터와 계단실에 2개의 세대가 출입구를 갖는 방식으로 세워집니다. 어떤 이들은 매우 높은 타워형의 아파트 단지에 살기도 합니다. 여러 주거 유닛들이 하나의 밀집된 거대한 주거동에 엘리베이터실과 홀을 함께 쓰는 형태입니다. 매우 거대한 초고층 주상복합의 경우는 저층에 상가를 분양하고 위로는 주거 유닛을 배치합니다. 이러한 초고층 주거는 매우 큰 수직 이동통로를 형성하는데 하나의 중심 코어를 갖게 됩니다. 코어에는 여러 개의 엘리베이터와 피난계단을 설치하고 여러 세대가 함께 쓰는 큰 홀을 통하여 개별 세대의 출입구에 이르게 됩니다.

많은 사람들이 자신이 스스로 땅을 가꾸고 집을 지을 수 없는 세상에 살고 있다는 것을 잘 알고 있습니다. 그들은 모두 특별한 자신만의 공간을 얻고자 하지만 도시 내에서 그러한 공간을 갖는 것은 과거와는 다른 의미를 갖고 있습니다. 그곳은 고향집과 같이 반드시 머물 수 있는 곳도 아니며 가족이 자신의 시간을 오랫 동안 보낼 수 있는 환경도 가지고 있지 않습니다. 단지 우리는 필요에 따라 잠시 그곳에 머물고 있을 뿐입니다. 집은 이제 영원히 자손을 유지하고 삶을 꾸리는 변하지 않는 정주지가 아니게 되었습니다.

부띠크 모나코

때에 따라서 특별히 디자인된 타워형의 주거동을 발견할 수 있습니다. 이러한 주거동은 그 디자인과 독자성으로 도시의 랜드마크일 뿐만 아니라 다른 주거와는 다른 가치를 상징합니다. 더 높고 더 세련되고 더 큰 주거동은 일반적인 판상형 아파트와 타워형의 주거와는 다른 모습을 갖고자 합니다. 그만큼 더 높은 가격과 가치를 얻고자 하는 것입니다. 어떤 면에서 거의 모든 부동산이 마찬가지이지만 주거는 재산을 늘리고 유지하는 수단이 되기도 합니다.

잠실 골드캐슬

주거의 소유

우리는 이미 만들어져 있는 집을 구입하거나 임대하게 되는데 마치 어느 곳에 머물러 살기 위한 거처를 꾸미기 보다는 선택하는 것으로 여겨집니다. 물론 경제적인 논리에 따라서 그리고 오늘날과 같이 급변하는 사회여건에 따라 개인이 갖는 경제활동의 변화에 따라서 거처는 쉽게 옮겨지기도 하고 다른 형식이 될 수도 있습니다. 그러한 선택의 문제는 우리가 처한 도시적 문제를 낳았습니다.

우리는 이 도시의 이방인이 되었으며 이 도시의 어느 곳에서도 편안하게 쉴 수 없는 결과를 가져왔습니다. 도시는 더욱 치열한 경제적 수단으로 들어차고 복잡한 행위들로 밀도를 증가시켜 가면서 어느 곳에서도 나를 위한 공간을 얻을 수가 없게 되었습니다. 우리는 차를 마시고 식사를 하고 일을 하고 주차를 하고 화장실을 사용하는 일에도 그만한 공간을 일정시간 사용하는데 금전적인 대가를 치루는 것을 당연하게 여기고 있습니다.

이 도시에는 경제적인 대가를 치루지 않고서는 결코 여유로운 공유와 자유를 얻을 수가 없는 것처럼 여기게 되었습니다. 거의 대부분의 건축적인 표현과 여건은 경제적 가치와 결부되게 되었습니다. 사람들이 많이 모이는 곳은 더욱 도시화되고 밀도가 높고 집적된 흐름을 만들어냅니다. 그리고 그러한 영역은 더 큰 경제적 가치로 인하여 고층화되고 다층화되며 더 많은 시설들로 들어차게 되었습니다.

건축적 가치는 경제적 가치 이외에도 우리에게 심리적으로 육체적으로 역사적으로 다양한 의미로 다가오고 매우 큰 영향을 미칩니다. 궁극적으로 거의 모든 가치가 경제적 가치로 대변되고 경제적 가치로 판단되는 현대의 자본주의는 건축은 물론 거의 대부분의 가치를 변질시키고 말았습니다. 절대적인 가치는 경제적인 상대가치로 전환되었으며 효율성과 매개적 가치에 의하여 절하되기도 하였습니다. 이전 세계에는 절대로 어긋날 수 없는 가장 중요한 믿음과 가치가 존재했습니다. 그것은 우리의 삶과 행복을 유지시켜 주는 기준이었습니다. 공동체의 믿음, 예절, 민족적 가치, 전통적 신앙, 종교 등이 있었습니다. 그러나 그러한 거의 모든 가치는 오늘날 상대적인 가치에 의하여 사라지고 있습니다.

도시를 가득 메우고 있는 사람들과 그 사람들이 움직이며 만들어 내는 흐름은 경제적인 가치를 창조합니다. 건축에 있어서 경제적 가치는 그 영역과 건축물을 점유하는 우리들 자신이 만들어내는 가치입니다. 오늘날 경제적 가치는 수많은 사람들의 흐름과 그 흐름이 만들어내는 부가가치에 의존합니다. 그러한 거대한 경제적 흐름은 더 많은 사람들이 공유하는 장소를 만들고 더 큰 경제적 가치를 생산합니다. 그러므로 더 큰 네트워크와 통로 그리고 영역을 일체화하고 구축하기에 노력하고 있습니다.

그러는 가운데 우리는 그 흐름의 가능성과 속도에 집착하고 있습니다. 그 모든 가치가 변화하지 않는 고정된 존재적 배경으로부터 생겨난다는 것을 잠시 잊고 있는 것 같습니다. 또 끊임없이 더 큰 가치를 만들어내는 교환이 마치 생산보다도 더 중요한 것으로 오인하고 있는 것 같습니다. 이 도시에서는 이 세계의 모든 가치가 우리 자신의 변화하지 않는 존재적 배경과 생산으로부터 시작되었다는 것을 모두 잊는 것처럼 생활하게 되었습니다.

우리가 살고 있는 집의 가치는 거의 모든 단위들의 의미를 바꾸어 놓기도 했습니다. 건축물의 높이는 쾌적한 환경을 위하여 법적으로 제한받는 것임에도 불구하고 경제적 가치의 한계로 느껴집니다. 건폐율, 용적률, 최고높이 등은 그 지역의 건축적이고 환경적 가치임에도 불구하고 경제적 가치의 한계로 인식됩니다.

우리가 알고 있는 평의 개념은 아파트를 비롯한 건축면적의 넓이를 나타낼 때 쓰여 왔습니다. 이 단위는 한 사람이 팔과 다리를 벌리고 누울 수 있는 넓이에서 기원한 것입니다. 그 안에는 내 몸과 마음을 가누고 쉴 수 있는 최소한의 크기라는 의미심장한 뜻이 담겨 있습니다. 그러나 그러한 의미는 경제적 의미로 전환되어 우리는 평당 요구되는 경제적 가치의 개념과 결부시키고 있습니다. 거의 모든 가치가 경제적 가치로 전환되었고 우리가 보고 듣고 쓰고 소모하는 거의 모든 것이 경제적 가치의 수준으로 평가되고 의미를 얻게 되었습니다. 우리가 알고 있는 것의 기준이 마치 경제적인 가치인 것처럼 여겨지고 그 기준이 가장 훌륭한 절대적 가치를 대변할 수 있는 것으로 여겨지고 있습니다.

그러자마자 거의 모든 건축물은 경제적 가치를 생산할 수 있는가 없는가가 가장 중요한 것이 되었습니다. 그리고 경제적인 가치를 표현하고 자본주의의 가치를 대변할 수 있어야만 하는 것이 되었습니다. 우리가 생산하는 것은 근본적으로 안전하고 아름답고 감동적인 가치의 대상을 디자인하고 생산하는 것이 아니라 경제적 가치를 생산하는 것처럼 여겨지고 있습니다.

궁극적으로는 이 모든 것이 바로 아름다운 삶과 행복을 위한 것이고 개개인의 안정과 가치를 위한 것입니다. 그러나 도시는 도시의 가치를 위하여 더 크게 증식하고 그 가운데 하나하나의 개인적 가치는 낮게 평가되어 갑니다 . 이 세계의 모든 가치의 단위는 금전적이자 경제적 단위로 전환되기 시작합니다. 그래서 사랑하는 사람과의 소중한 시간도, 내가 아끼는 오래된 물건의 애착도, 더 나은 삶을 위한 노력도 모두 경제적 단위로 환산되어 쉽게는 빵값과 비교되기 시작한 어처구니 없는 일이 생겨났습니다.

남산타워

우리는 도시에 모이길 원하고 그 도시 안에 더 큰 경제적 가치와 일자리가 존재하고 생산의 가치 그리고 다른 풍부한 가치가 생산된다고 믿기 때문입니다. 실제로 그러한 모든 가치는 도시를 더 과밀한 도시로 만들어냅니다. 그리고 아직은 얻지 못했으나 이 경제적인 가치가 가져오는 많은 사람들의 행복을 기대할 수 있습니다. 도시가 창조하고 있는 모든 것이 부정적인 것만은 아닙니다. 도시는 상상하지 못했던 즐거움과 창조적 경험을 제공합니다. 그리고 실제로 더 거대한 부와 경제적 가치를 생산합니다. 한 순간도 쉬지 않는 24시간 동안 움직이는 도시를 창조하고 있습니다.

강남대로

사무실

도심지에는 더 높고 더 넓은 오피스 건축물이 들어서고 있습니다. 많은 사람들이 혹은 몇만의 사람들이 하나의 건축물에 들어가기도 합니다. 이들은 그 안에서 자신이 해야 하는 업무를 수행합니다. 흔히 말하는 사무실들이 셀 수 없이 빼곡하게 들어 차 있습니다. 이토록 높은 건축물은 매우 훌륭한 기계장치와 설비들이 냉난방, 환기, 조명, 환경조절을 가능하게 해 주기 때문입니다. 무엇보다도 고속의 엘리베이터와 에스컬레이터가 수많은 사람들을 단숨에 높은 곳까지 옮겨 줄 수 있기 때문입니다. 오늘날 도시의 가장 경제적인 요충지에 들어서는 거대한 건축물들은 바로 사무소 건축물입니다. 이들 건축물들은 더 많은 부를 생산하기 위하여 더 많은 사람들을 고용하고 그들이 일할 수 있는 공간을 확보하고자 합니다.

제1차 세계대전 이후 미국 뉴욕 맨하탄에 고층 건물이 많이 건설되기 시작함으로써 오늘날의 마천루가 등장하였습니다. 제2차 세계대전 후에 세계 각국의 도시산업화에 의해 대규모의 초고층 사무소 건물이 건설되었습니다. 일반적으로 사무소 건축은 특정한 지역에 집중되어 건설되는 경우가 많으며, 토지의 효율적인 활용과 더불어 철근 콘크리트구조, 철골구조, 철골 철근 콘크리트구조 등의 건축기술의 진보가 가져온 성과입니다.

삼성 멀티플렉스

무엇보다도 일자리를 원하는 많은 사람들이 도심지에 모이게 되고 그 많은 사람들이 생산하는 가치를 수용하기 위하여 오피스 건축물이 생겨나게 된 것입니다. 그러므로 오피스 건축물은 업무를 위한 공간을 요구하지만 그러한 가치를 생산하는 개개인의 활동과 업무에 편의를 제공하기 위하여 계획되어져 왔습니다.

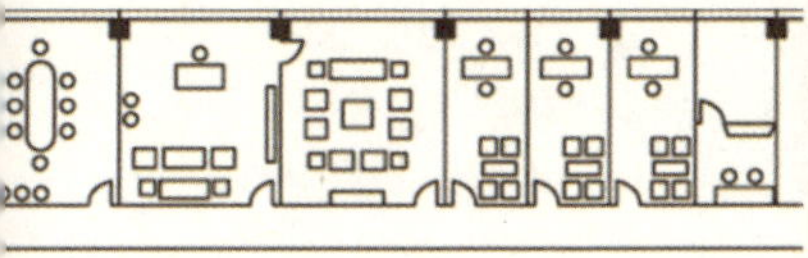

개실형

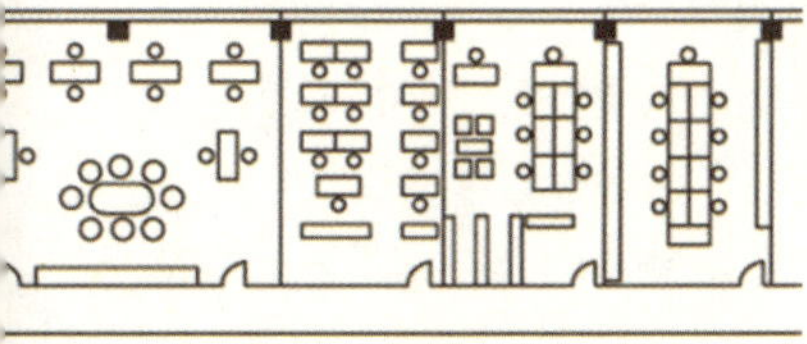

그룹형

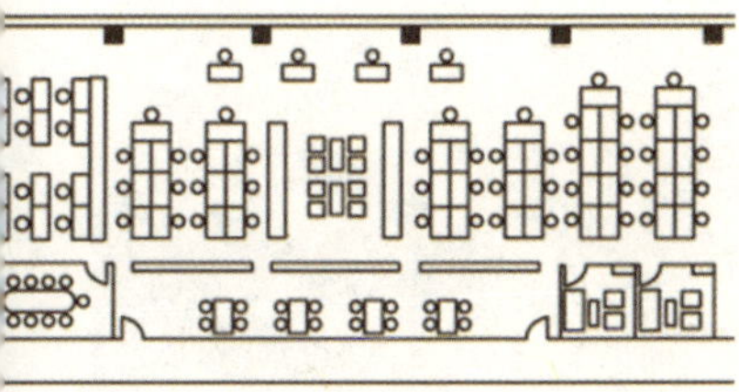

개방형

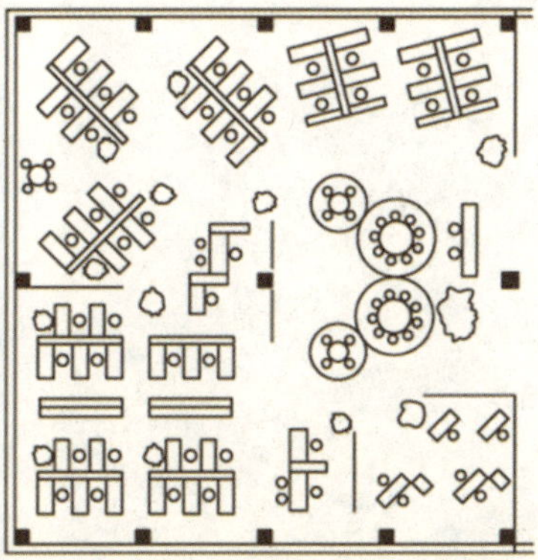

오피스 랜드스케이프

우리가 일하는 사무실은 대부분 건물 앞에 마당을 지니고 있고 차량의 주차가 가능하고 혹은 지하주차를 할 수 있게 되어 있습니다. 사무실 이외에 복도, 계단, 엘리베이터, 에스컬레이터, 화장실, 탕비실, 창고, 휴게실, 회의실, 강당, 식당 등의 부대시설이 있습니다. 사무소 건축물은 최대한의 면적을 확보할 수 있어야 합니다. 또한 저층부의 진입과 관리계획이 효율적으로 이루어져야 건축물의 사용능률을 높일 수 있습니다. 또한 유지관리비가 적게 들수록 유리합니다. 종종 층별로 임대하거나 칸막이를 설치하여 여러 실로 나누어 임대하기도 합니다. 각각의 경우 장단점이 있습니다. 그러한 선택은 실제 사무실을 사용하는 회사의 업무 형태와 조직에 따라 다르게 선택될 수 있습니다.

사무실의 내부공간의 사용방식에 따라서 개실형, 그룹형, 개방형으로 구분되며 한층 전체를 개방형으로 랜드스케이핑할 수도 있습니다.

코어

사무소 건축물은 모두 코어를 가지고 있습니다. 이 코어는 여로 수직 요소들을 하나로 묶어 설비배관, 전기배관, 엘리베이터, 계단실, 화장실, 탕비실 등 다양한 설비들을 한 공간에 설치함으로써 관리에 용이하고 효율적으로 공간을 활용하기 위한 방법입니다. 종로타워의 경우에도 코어는 입체 트러스로 이루어진 거대한 세 기둥에 집중되어 있습니다. 이 코어는 평면적으로 공용부분을 집약시켜 사무실 유효면적을 확보하고 구조적으로 건축물의 하중과 외력에 저항할 수 있도록 강한 구조물의 역할을 합니다. 설비적으로는 다양한 시설을 하나로 묶어 놓음으로써 설비비를 아끼고 유지 관리에 유리하게 하는 것입니다. 우리가 높은 건물 내부에서 보게 되는 엘리베이터를 포함한 커다란 실들은 대부분이 코어 박스입니다.

종로타워

코어의 형태에 따라 다양한 건축 유형을 찾아볼 수 있습니다. 이러한 관계에 익숙해지고 나면 건축물의 외부 형태만으로도 그 건축물이 어떠한 코어의 형태를 지니고 있고 어떠한 면적의 어떠한 모양을 갖는 사무실을 내부에 가지고 있는가를 짐작할 수 있습니다. 코어에는 기본적으로 ① 계단실 ② 엘리베이터 통로 및 홀 ③ 전기배선공간(electric wire space) ④ 우편발송시설(mail chute) ⑤ 덕트(duct) ⑥ 파이프 배선 공간(piping shaft) ⑦ 공조실 ⑧ 화장실 ⑨ 굴뚝 외에도 공용시설이 설치되어 있어 모든 층마다 동일하게 적용됩니다.

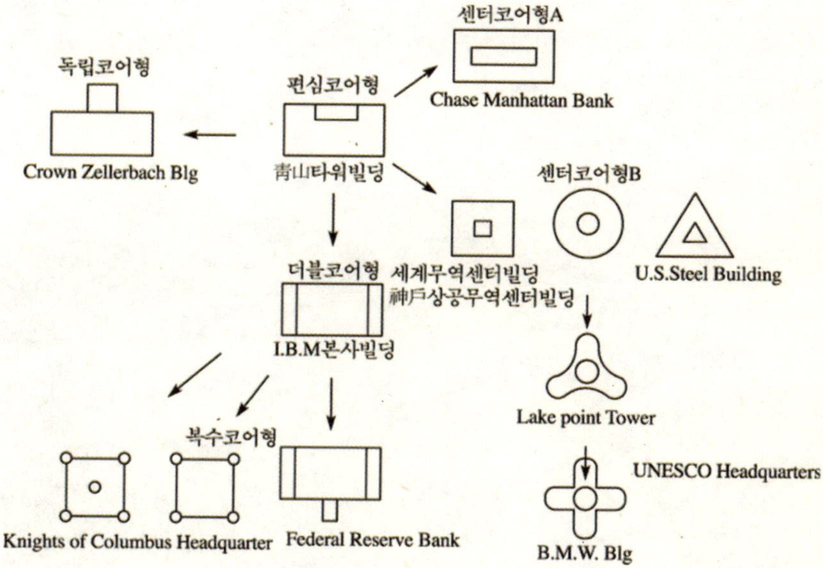

코어는 비상시에 피난이 가능하도록 일정 거리보다 가깝게 설치되어야 하고 가급적 건축물의 중앙에서 가까이 설치하는 것이 좋습니다. 또 출입구에서 엘리베이터 홀을 쉽게 확인할 수 있어야 하며 화장실은 방문자가 쉽게 찾을 수 있어야 하지만 속이 들여다 보이지 않게 해야 합니다.

오피스 랜드스케이핑

오피스 건물은 코어의 형태에 따라서 내부공간이 달라지게 됩니다. 하나의 긴 복도를 따라서 사무실이 나란히 있는 경우, 하나의 내부 복도 양편으로 긴 사무실이 연이어 있는 경우, 혹은 하나의 엘리베이터 혹은 계단실 주변으로 사무실이 있는 경우입니다. 어느 것이 유리한가는 대지가 갖는 조건과 어떠한 경우에 더 쾌적하고 여유있는 사무실 유효면적을 확보할 수 있는가에 따라서 달라질 수 있습니다.

사무실은 칸막이를 설치하지 않고 개방식으로 배치하는 것이 주류인데 이러한 경우 합리적인 업무 관리와 환경을 유지할 수 있습니다. 또 다양한 공간을 동시에 사용함으로 공간을 효율적으로 사용할 수 있습니다. 이러한 측면에서 개선한 사무실 공간의 내부계획을 오피스 랜드스케이핑(Office Landscaping)이라고 합니다.

광화문 흥국생명

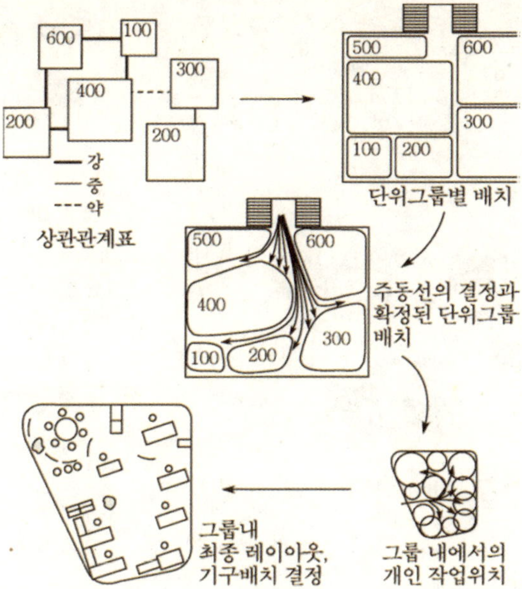

오피스
랜드스케이핑
:작업의 단계와 결정

오늘날 대부분의 사무실은 이와 같은 오피스 랜드스케이핑에 의한 개방식 배치를 따르고 있습니다. 실내에 칸막이나 실 구분을 하지 않음으로써 의사전달과 작업 흐름에 따라 실제적인 사무실 배치를 함으로써 업무의 효율을 높이고 자유로운 동선과 조직을 그루핑함으로써 경직되지 않고 여유로운 작업 환경을 만들 수 있습니다. 그러나 소음과 진동 등에 대처하기 위한 카펫, 흡음천정재, 회의실의 가변스크린 등의 설치가 필요합니다.

오피스 랜드스케이핑은 다양한 단위 그룹이 어떠한 관계를 갖는가를 먼저 설정하는 것이 필요합니다. 이 그룹이 요구되는 면적과 필요작업 및 기구들을 함께 고려하여 열려진 사무공간에 영역을 정하고 영역 안에서 각 그룹의 구성원인 개인의 작업 위치를 설정하게 됩니다. 최종적으로 전체를 레이아웃하고 기타 필요한 사무기기와 가구 등을 함께 설치합니다. 이러한 배치는 커뮤니케이션의 융통성이 있고, 장애요인이 거의 없다는 것이 장점입니다. 또 변화하는 작업의 패턴에 따라 임의대로 배치와 공간 조절이 가능하며 신속하고 경제적으로 대처할 수 있습니다.

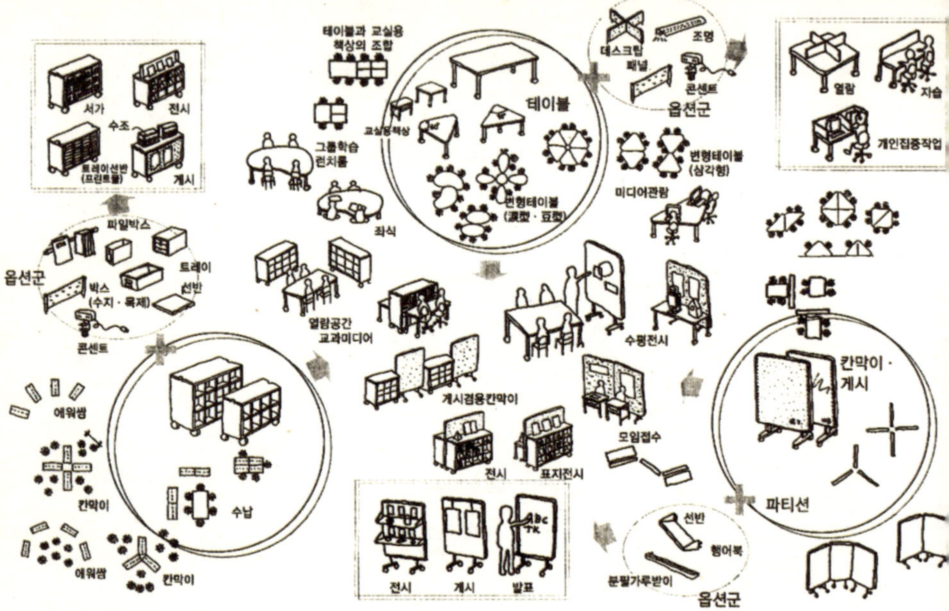

오피스 랜드스케이핑을 위하여 업무와 작업흐름, 인원 등의 파악도 중요하지만, 실제로 사용되는 다양한 가구와 사무기기의 규모를 파악하는 것도 매우 중요합니다. 매일 출근해서 자신의 자리에 앉아서 일하는 대부분의 사무원들은 자신이 하는 업무에 필요한 다양한 용구와 기구 그리고 가구들을 필요로 합니다. 일반적으로 사용되는 기구들은 위의 그림처럼 다양하지만 가늠할 수는 있습니다. 그러나 연구실, 특수 사업을 위한 사무실 등은 나름의 특별한 장비들을 사용하므로 세심하게 고려하여야 할 것입니다.

또 어떠한 조직마다 일어나는 일과를 파악하는 것도 중요합니다. 잦은 회의와 의견조율이 필요하다거나 회사 내에서 자주 영역을 옮겨가면서 작업해야 하는 경우 그 업무에 따른 공간을 배려하는 것도 중요합니다. 혹은 아침마다 여러 사람들이 모여서 커피를 한 잔 한다거나 휴식을 취하거나 간단한 식사를 하거나 간식을 먹거나 담소를 나누고 방문자가 찾아 왔을 경우 이야기를 나눌수 있는 곳도 배려해야 하는데 이러한 과정은 모두 개개인이 업무를 수행하면서 하게 되는 모든 생활의 내용을 파악하여야만 가늠할 수 있는 부분입니다.

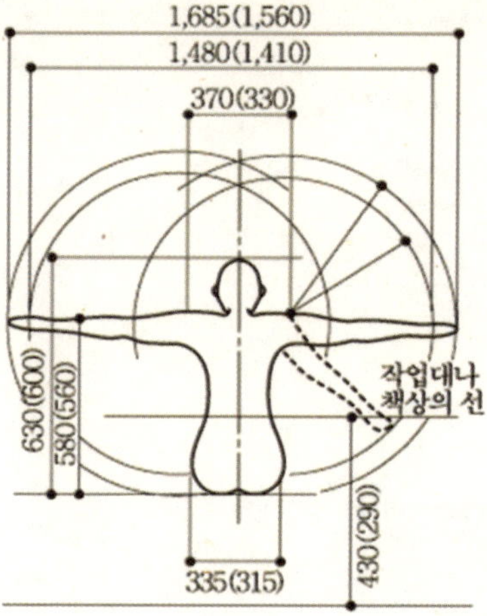

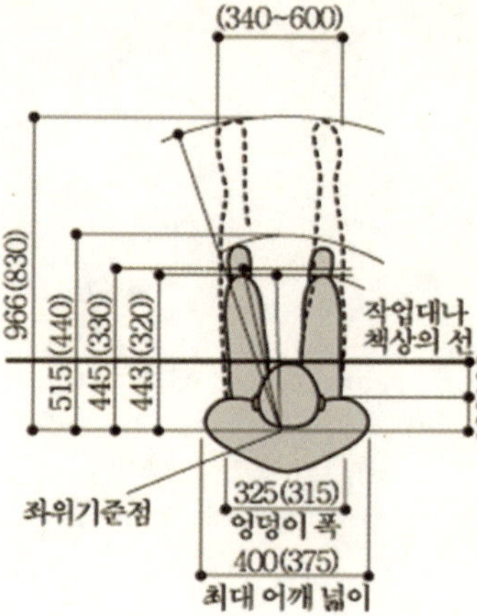

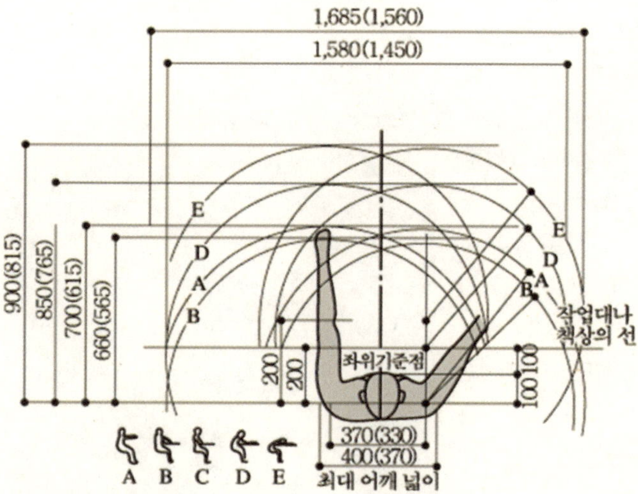

다양한 가구와 기기들을 설치하고 그 공간의 크기를 결정하는 것은 단순히 가구와 기기들이 차지하는 규모를 계산하는 것이 아니라 그러한 대상을 사용하는 사람의 활동치수를 고려하여 배치하여야 합니다. 일반적으로 앉아서 움직일 경우 수직적으로 움직일 수 있는 영역과 수평 영역은 위의 그림과 같습니다. 그리고 다리를 움직일 때 필요한 공간의 치수를 고려하여 오피스 랜드스케이핑을 합니다.

에스컬레이터

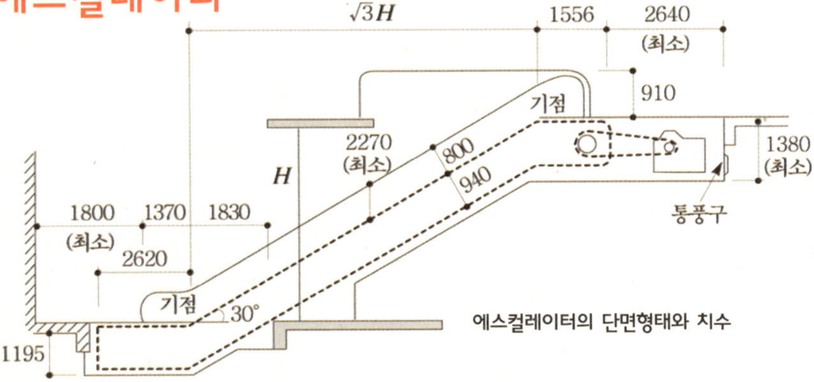

에스컬레이터의 단면형태와 치수

엘리베이터보다 더 많은 인원을 동시에 여러 층 높이로 이동시키기 위하여 에스컬레이터가 사용됩니다. 에스컬레이터는 기본적으로 이용하는 사람이 매우 많고 빈번한 경우에 유리합니다. 백화점, 공항, 지하철과 같이 많은 인원이 사용하고 사용시간대가 매우 광범위한 경우 엘리베이터보다 유리합니다.

백화점이나 쇼핑몰, 상가 등에서 오픈된 공간을 파악하고 상품을 보면서 이동할 수 있으므로 많이 사용됩니다. 에스컬레이터의 규격은 층고에 따르나 기본적으로는 30°의 기울기로서 높이에 상응하는 길이를 필요로 합니다. 예를 들어 층고 4m의 경우 7m의 에스컬레이터 길이가 필요합니다. 에스컬레이터와 그 주변 공간은 매우 다이나믹한 경관이 이루어지므로 공간의 연출에 유리합니다.

Future System.
Selfridges Birmingham. 2003.

최근에 지하철 역사에는 엘리베이터와 에스컬레이터가 설치되고 있습니다. 많은 사람들을 빠른 시간에 수직 이동시킬 수 있고 또 노약자의 경우도 쉽게 이용할 수 있기 때문입니다.곳곳이 점점 더 편리하게 변화하고 있습니다. 이제 이동할 수 있는 권리는 도시의 중요한 요소가 되었습니다.

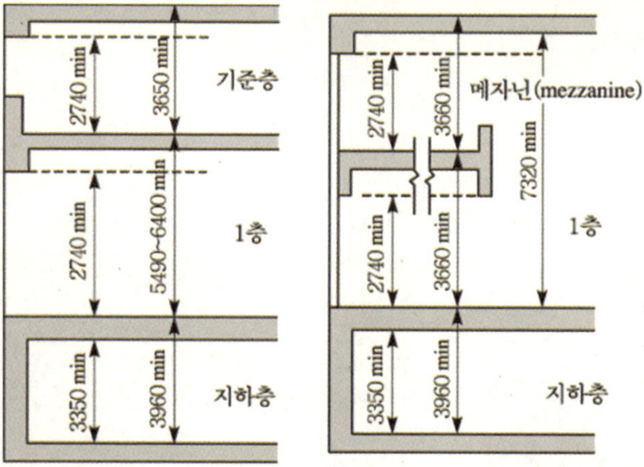

일반적인 오피스 건물의 층 높이와메자닌이 있는 경우의 층 높이

층고

오피스 건물은 기본적인 사무 업무에 필요한 층 높이를 갖추는 것이 중요합니다. 소규모의 오피스 건축물에서는 한 층의 높이는 400 cm 정도가 좋지만 1층에 은행의 영업실, 또는 넓은 상점을 갖는 경우에는 450 ~ 500cm 정도 이상이 필요하기도 합니다.

고층건물의 경우에는 보 깊이가 상당히 커야 하기 때문에 530cm 정도까지 할 수 있는데, 이 치수는 중 2층을 설치할 경우의 최저높이입니다. 우선 바닥에는 전기통신설비를 할 수 있고 천정에는 냉난방환기 및 통신 설비가 가능해야 하기 때문에 주거공간보다 높은 층 높이가 요구됩니다.

Frankfurt Trade Center.

외피의 변화

도시 한 가운데 오피스 건물은 새로운 모습을 가지기 시작했습니다. 전혀 다른 외피와 구조물, 재료와 형태로 획일화된 도시의 전경을 바꾸기 시작했습니다. 잘 차려 입은 것 마냥 이제 외피는 도시의 패션처럼 여겨지고 있습니다.

교보타워 어반 하이브

호림박물관 사무동

NC 소프트

도시의 많은 건축물들이 점점 커지고 높이지면서 새로운 모습을 가져야만 하게 되었습니다. 지나치게 획일화되고 거대한 매스와 획일적인 모습들은 도시를 더 무감각하고 황폐하게 만들기 때문입니다. 그래서 이 도시의 새로운 건축물들은 지금과는 다른 감각으로 옷을 입기 시작했습니다. 그 만큼의 표현은 우리시대가 더 자유로운 감각과 정신을 요구하고 그 만큼의 기술과 재료의 발전을 가져왔기 때문입니다.

Steven Holl. Loisium Visitor Center and Hotel. 2005.

Daniel Libeskind. Extension to the Denver Art Museum. 2006

주변의 수많은 건축물들이 자유로운 형태를 얻게 되면서 그 만큼 겉을 싸고 있는 재료들도 변화하고 다양해졌습니다. 더군다나 이 재료들은 모두 얇은 막을 만들어내고 있습니다.

Herzog & De Meuron. Walker Art Center. 2005.

LAB Architecture Studio. Federation Square. Melbourne. 2004.

도시의 외피들이 자유롭게 표현되면서 우리가 누리고 경험하는 공간들은 더욱 드라마틱해졌습니다. 그 안에서 일어나는 일들도 더욱 풍부해지고 활동적이 되었습니다. 이제 모든 공간이 정적으로 고정되기 보다는 살아 꿈틀거리게 되었습니다.

Toyo Ito. Serpentine Gallery Pavillion. 2002. London.

RCA Arquitectes. Bellows House. Spain. 2001.

전통적인 건물들의 형태도 역동적으로 변화하고 창의 형태와 출입구의 모습도 변화하고 있습니다. 건축가는 거주자가 원하고 의뢰인이 원하는 바를 고려하여 즐거운 모습의 건축물을 만들어낼 수 있습니다.

Pep Llinas. Renovations to Vila- seca Town Hall. Spain. 1998.

Le Corbusier. Villa Savoye. 1929.

Schmidt Hummer & Rassen. Arhus Museum, 2003.

Santiago Calatrava. City of Art and Sciences. Valencia. 1991.

Mansilla + Tunon. Ciudad de Leon Auditorium. 2001.

무심코 지나친 건축물들은 실은 매우 세련되고 아름다운 형태와 재료를 가지고 있습니다. 그리고 그 모습이 다양한 만큼이나 우리가 경험하고 느끼는 도시의 생활도 풍부해집니다.

Un Studio. Galleria. 2004.

여러 곳

Mercedes Benz Services Center.

식당에 가거나 편의점에 들러서 음료수를 구입하여 갈증을 잊기도 하고 우연히 눈에 들어온 보기 좋은 옷을 사려고 상점에 들어가기도 합니다. 이러한 도시의 여러 가게들은 나름대로 적절한 입지와 환경을 가지고 있습니다.

물론 사람들의 이동이 많거나 모일 수 있어야만 하고 적정한 연령대에 맞는 기능을 선택하고 특정한 요구사항을 만족하는가도 중요합니다.

일반적으로 알고 있는 상점들은 모두 교통이 편리하고 통행이 많고 번화하고 눈에 잘 띄며 2면 이상 도로에 접하고 반듯한 공간을 갖는 것이 바람직합니다. 그것 말고도 주의할 점은 여성용품은 오후에 그늘이 지지 않아 밝고 환한 분위기가 좋습니다. 또 식료품점은 강한 석양이 상품을 변색시키므로 서향의 상점은 피하는 것이 좋습니다. 또 양복점, 가구점, 서점 등은 도로의 남측이나 서측을 선택하여 일사에 의한 상품의 변형과 파손을 막는 것이 좋습니다. 음식점 역시 도로의 남측이나 그늘진 입구를 선택하여 뜨거운 태양을 직접 받지 않도록 하는 것이 좋습니다. 반대로 여름 용품점의 경우는 도로의 북측을 선택하여 남쪽으로 입구와 쇼윈도를 면하는 것이 상품을 효과적으로 보일 수 있습니다. 겨울용품점은 그 반대입니다. 귀금속을 취급하는 곳은 직사광선이 들지 않도록 차폐하거나 깊숙이 들어가는 입구를 마련하여 고가의 상품을 보호하는 것이 좋습니다.

em Koolhaas. PRADA Boutique.

그러한 세심한 계획은 상점을 운영하는 사람에게는 물론 중요하지만 그러한 상점을 방문하고 그 곳에서 상품을 구입하는 사람들 역시 주의해야만 합니다. 종종 원치 않은 작은 파손이나 변형을 가진 물건을 사게 될 수도 있습니다.

가끔씩은 멋진 백화점 샵이나 유명 브랜드 샵을 가보게 되면 즐겁고 흥미로운 디자인을 발견하게 되고 그 안에서 상품과 우리 자신이 더욱 돋보인다는 것을 알게 됩니다. 종종 디자인은 그 나름의 멋이 아니라 사람들을 즐겁게 하기 위한 것이 됩니다.

Frank. O. Gehry. Issey miake

그러나 가장 중요한 것은 방문객의 주의를 끌 수 있고 흥미를 줄 수 있고 구매의 욕구를 일으키며 기억을 남길 수 있으며 물건을 경험하고 구입하기에 용이한 공간이어야 할 것입니다.

103
gallery

nonna
banila co.
BSX

우리나라 어디에서도 길을 따라 늘어 서 있는 많은 건축물들을 확인할 수 있습니다. 빼곡히 붙어서 서 있기도 하고 산아래 덩그라니 한 채씩 세워져 있기도 합니다. 이 건축물들은 그 크기와 형태가 다를 뿐만 아니라 그 안에서 일어나는 사건과 건축물이 가능하게 하는 기능들도 다르며 담고 있는 가구와 그 건물이 수용하는 물리적 대상들도 모두 다릅니다. 그 모든 것은 우리가 점점 더 행복하고 나은 생활을 하기 위한 환경들이고 동시에 무엇인가 더 큰 이익과 가치를 남기기 위한 공간들입니다.

작은 상점들, 옷 가게, 분식집, 문방구, 신발가게, 치킨가게, 책방, 빵집, 한식집, 고깃집, 횟집, 와인하우스, 도넛 가게, 편의점, 패밀리 레스토랑, 카페, 초등학교, 중학교, 고등학교, 대학교, 전문학교, 학원, 주차장, 사무실, 여행사, 웨딩 드레스 가게, 박물관, 고궁, 공원, 미술관, 신문사, 생맥주집, 핸드폰 가게, 은행, 속옷가게, 건어물 가게, 과일가게, 채소가게, 컴퓨터 전문점, 미용실, 이발소, 약국, 병원, 부동산, 건축사무소, 장판집, 우체국, 전화국, 할인마트, 백화점, 죽집, 부대찌게집, 칼국수집, 국수집, 일식집, 돈까스집, 수제비집, 커피 전문점, 해장국집, 전파사, 쌀집, 떡집, 포장마차, 수선집, 세탁소, 아이스크림가게, 성인용품점, 액세서리가게, 목공소, 가구점, 화구점 . . . 아직도 이 페이지를 다 채우고 남을 수많은 장소들이 있습니다. 이 장소들은 도시 안에서 각각의 기능을 수행하고 살아가는 동안 거대한 네트워크를 구축합니다.

그 사이에는 많은 사람들이 이동하고 더 여러가지의 상품과 물건들이 이동하고 다른 상품으로 전환되고 그러한 과정에서 새로운 가치가 생산됩니다.

그렇게 생산되는 가치는 경제적일 수도 있으며 문화적일 수도 있고 사회적, 정치적, 지역적일 수도 있습니다. 그러나 그 모든 것 가운데 경제적 가치가 가장 강력한 힘을 발휘하는 것은 거의 모든 건축적 공간은 그 건설과 유지에 매우 큰 자본을 필요로 하기 때문입니다. 그러나 건축물이 한 문화와 시대의 중요한 유산이 되기 위해서는 다양한 가치를 동시에 생산해야 합니다.

건축은 예술이고 시대의 산물입니다. 건축이 건축물로서 구축되는 순간부터 의도한 바와는 다르게 작용하고 가치를 생산합니다. 그리고 그 건축물은 생명력을 부여받게 됩니다. 그러한 가치로부터 건축은 우리시대의 문화의 대변인이고 사회적 의식을 담는 그릇이 됩니다. 동시대의 가치와 선택 그리고 판단에 의하여 건축물을 구축하고 활용하고 그 안에서 일어나는 동시대의 행위와 기능을 담아 냅니다. 자연스럽게 건축은 사람들을 담고 사람들이 가진 조직을 담고 그 행위와 모습을 담게 됩니다. 그렇게 해서 거의 모든 시간을 건축 환경에서 하게 되고 우리는 건축 안에서 생활을 유지하게 됩니다.

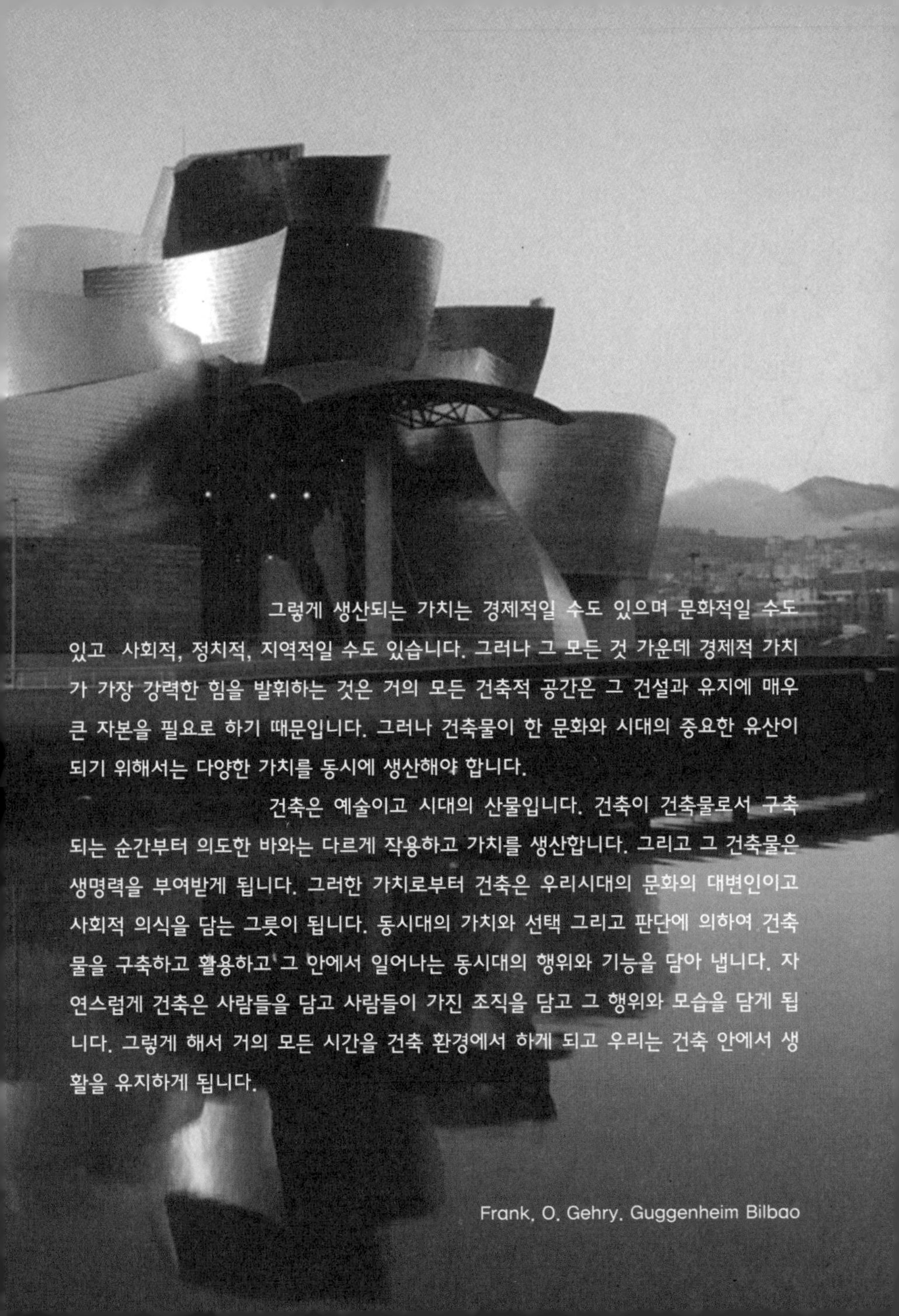

Frank, O. Gehry. Guggenheim Bilbao

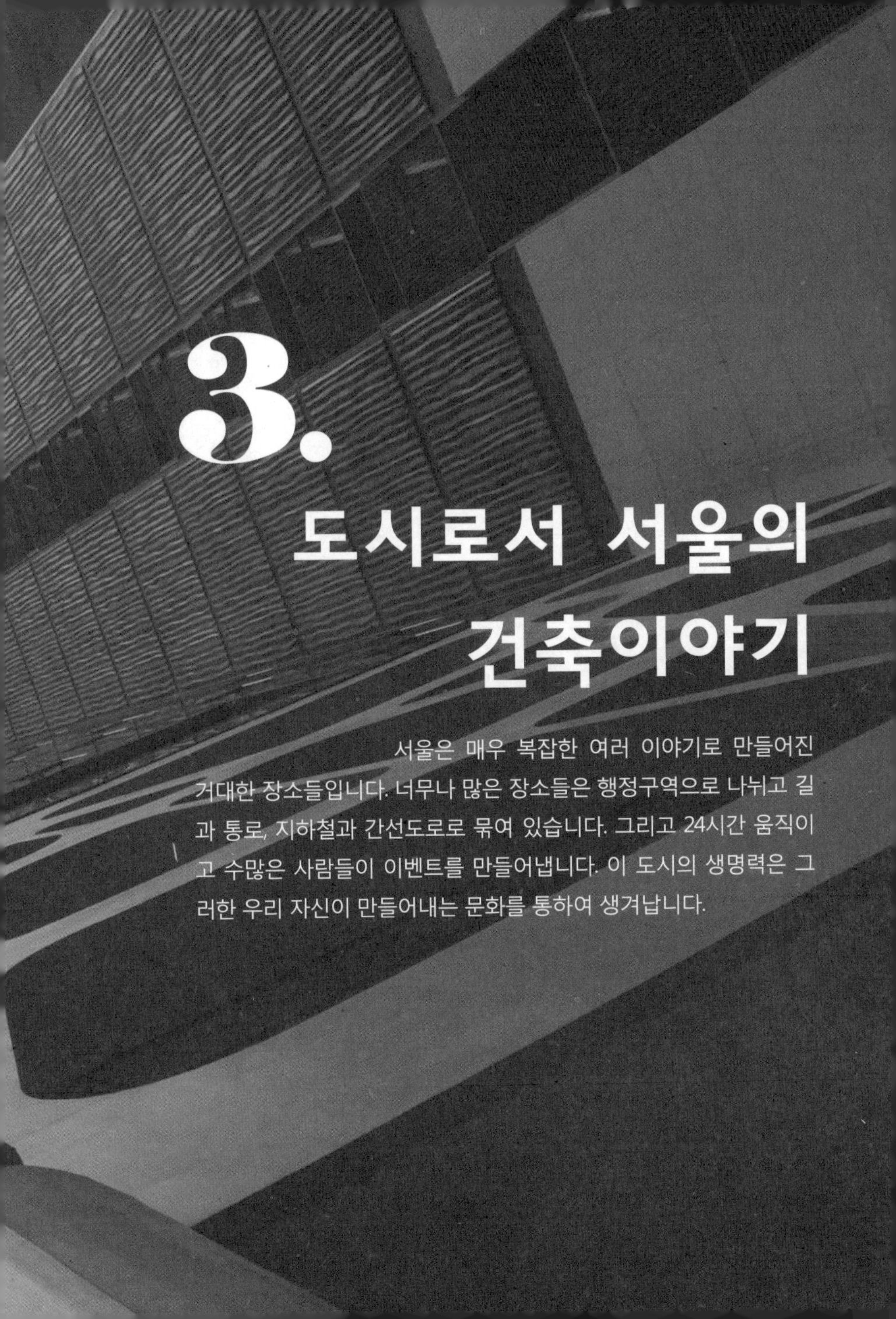

3.

도시로서 서울의 건축이야기

서울은 매우 복잡한 여러 이야기로 만들어진 거대한 장소들입니다. 너무나 많은 장소들은 행정구역으로 나뉘고 길과 통로, 지하철과 간선도로로 묶여 있습니다. 그리고 24시간 움직이고 수많은 사람들이 이벤트를 만들어냅니다. 이 도시의 생명력은 그러한 우리 자신이 만들어내는 문화를 통하여 생겨납니다.

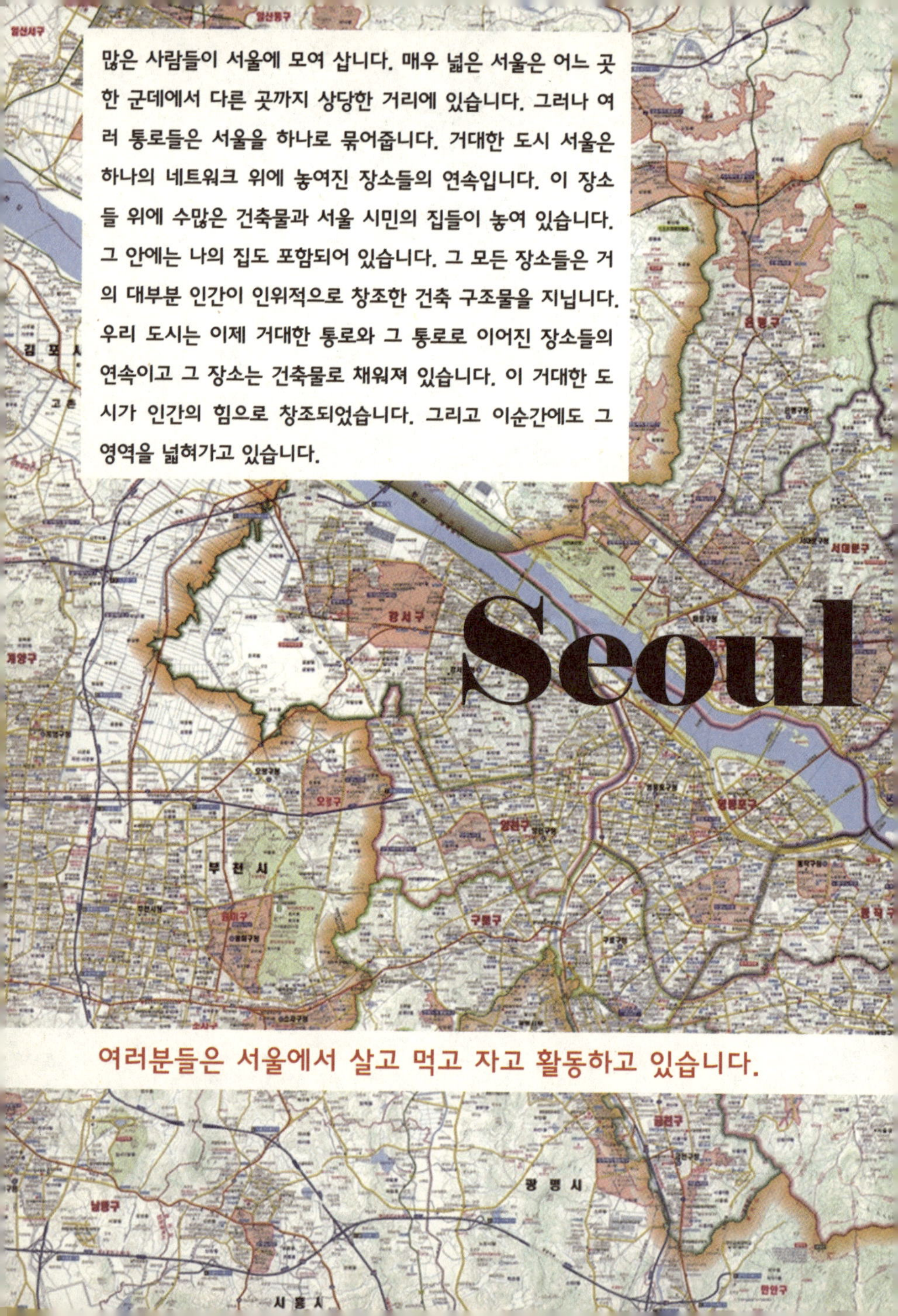

많은 사람들이 서울에 모여 삽니다. 매우 넓은 서울은 어느 곳 한 군데에서 다른 곳까지 상당한 거리에 있습니다. 그러나 여러 통로들은 서울을 하나로 묶어줍니다. 거대한 도시 서울은 하나의 네트워크 위에 놓여진 장소들의 연속입니다. 이 장소들 위에 수많은 건축물과 서울 시민의 집들이 놓여 있습니다. 그 안에는 나의 집도 포함되어 있습니다. 그 모든 장소들은 거의 대부분 인간이 인위적으로 창조한 건축 구조물을 지닙니다. 우리 도시는 이제 거대한 통로와 그 통로로 이어진 장소들의 연속이고 그 장소는 건축물로 채워져 있습니다. 이 거대한 도시가 인간의 힘으로 창조되었습니다. 그리고 이순간에도 그 영역을 넓혀가고 있습니다.

Seoul

여러분들은 서울에서 살고 먹고 자고 활동하고 있습니다.

여러분들은 서울의 주인이고 주인공이며 창조자입니다.

여러분들은 어디에 살고 있습니까 그리고 여러분이 살고 있는 곳에 대하여 얼마나 알고 계십니까 또 여러분이 주로 활동하는 서울에 대하여서는 얼마나 알고 계십니까

거대한 도시 서울은 수많은 건물들로 가득 차 있습니다. 그 가운데 특별한 장소들은 더 많은 역사와 기억 그리고 사람들이 더 많이 모임으로서 또는 다른 곳보다 월등히 다른 특징들로 서울의 중요한 거점이 되기도 합니다. 눈 아래 보이는 많은 장소와 건물은 그러한 거점들이 구체화된 것입니다. 그러한 거점들은 우리가 움직이는 방향을 설정하기도 하고 약속장소가 되기도 하고 다른 장소의 이정표가 되기도 합니다. 그 장소들을 잇는 통로는 더 중요한 도심의 도로가 됩니다. 그리고 이들 여러 통로들이 더 많이 모이는 곳이 생겨납니다. 철도, 지하철, 고속도로, 자동차 도로의 중심지가 생겨나고 이러한 지역은 도심의 가장 중요한 거점(결절점)을 만들어냅니다. 이러한 통로와 결점점으로부터 분할되는 여러 지역이 생겨나고 우리는 나름의 생활권도 갖게 됩니다. 어느 지역에서 또 어느 지역으로 혹은 거점에서 또 다른 거점으로 특별한 장소들에서 다른 장소로 움직여 가면서 우리는 나름의 이동 통로와 생활지역, 습관, 사용 교통수단 등이 생겨납니다. 교통수단을 통하여 어느 지역에서 어느 지역으로 이동하고 그 가운데 중요한 거점이 되는 정류장에 하차하여 자신의 목적지에 또 다른 통로를 이용하여 다다르게 됩니다. 그곳에서 일을 보고 자주 가는 식당이 생겨나고 자주 어울리는 포장마차, 선술집, 옷 가게, 은행, 편의점, 공원들을 만들어냅니다.

그러한 과정에서 자신의 생활의 내용을 풍부하게 만들게 됩니다. 수많은 사람들이 서로 다른 방식으로 삶의 영역을 교차하게 됨으로써 서로 다른 곳에서 부딪치고 지나치고 함께 버스 좌석을 나누어 앉기도 합니다. 우리는 이 도시를 다음과 같이 이해할 수 있습니다.

- 서울, 아름다운 도시, 사람의 도시, 이벤트와 문화의 무대
- 장소의 흔적들, 다양한 경계와 영역
- 결코 끊이지 않는 길, 네트워크 그리고 흐름
- 24시간 잠들지 않는 도시, 시간과 공간으로부터의 자유
- 서울을 가르고 흐르는 한강, 두 세계를 잇는 다리
- 새로운 통로와 장소의 네트워크, 지하철로 이어지는 장소들
- 도시의 비어 있는 공간, 공원과 녹지의 확장
- 조선의 한양 이후 600년과 오래된 건축물
- 디자인 서울, 거대한 자본과 기능의 통합과 도전
- 미래의 비젼, 지속 가능한 도시, 재생과 창조의 도시

남산에서

Ubiquitous

이 도시는 거대한 통로의 흐름, 네트워크, 매트릭스를 넘어서 하나의 통일된 구조로서 확장되고 있습니다. 건물과 건물, 사람과 사람, 길과 길을 넘어서 유비쿼터스는 거의 모든 존재하는 것을 하나로 묶고 싶고 그것을 통제하고자 합니다. 개인이 어디를 보고 있는가를 안경의 센서를 통해 감지하고 어디에 있는지 그리고 소변을 본다면 그 때마다 소변을 검사해서 건강을 체크하고 이상이 있다면 화장실에서 손을 다 씻기도 전에 상태를 알려 주고 가능하다면 병원과 연결하여 시간을 예약하고 핸드폰으로 문자를 받는 한편 매일 매일의 이동거리를 핸드폰이나 기타 몸에 부착된 센서를 통하여 체크하고 운동량을 환산하게 될 것입니다.

그리고 어느 쪽으로 얼마만큼 걸어야 건강에 좋은지를 알게 되고 집에서 기다리는 아내는 자신의 남편이 어디쯤에서 무엇을 하고 있는가를 간단히 체크할 수 있게 될 것입니다. 건강 진단의 결과는 냉장고의 컴퓨터에 입력이 되고 식사 때마다 필요한 열량과 추천되는 식단이 짜여질 것입니다. 이것은 이상적이고 환상적인 세계라고 여겨지는 전 지구적 네트워크이고 유비쿼터스입니다.

그러한 세계는 참으로 무시무시하고 이 모든 세계의 전자장비와 설비 그리고 인간이 마치 하나의 통일된 감시와 체계 속에 놓이게 된다는 것을 의미합니다. 개인은 그러한 네트워크와 센서, 지속적인 통신망과 전자신호들의 체계에서 벗어날 수 없게 될 것이고 개인의 선택과 자유는 유용함과 편리라는 이름으로 사라질지도 모릅니다. 이 세계의 진보와 발전은 경이로운 환상을 실현하지만 그 강력한 도구 앞에 인간은 수단이 되어서는 안되겠습니다.

남산에서

이 도시를 알게 된다는 것은 단순히 도시의 길과 장소와 공간들과 수많은 건축물을 아는 것이 아닙니다. 그리고 단순히 이 도시에 살고 있다는 것만은 아닙니다. 그 안에는 시간을 통하여 누적되는 역사를 이해하고 알아간다는 것을 의미하고 그 가운데 지금도 흐르고 있는 시간이 새로운 역사가 되고 그 역사 안에 우리들 자신이 존재한다는 것을 이해함으로써 가능해집니다. 이 도시는 우리 삶의 터전이고 나의 존재를 가능하게 하는 배경인 동시에 우리가 창조해 나가는 도시이기 때문입니다.

중앙우체국

한편으로 이 도시를 경험하고 가치있게 하는 것은 우리가 새로이 창조되고 변화하는 모습을 이해하고 더불어 살아가는 것입니다. 그 안에서 개개인의 삶이 변화하고 또 영향을 주게 됩니다. 왜냐하면 이 도시의 주인은 으리으리하게 서 있는 건축물도 오래된 고건축물도 아닙니다. 다시 말하지만 주인은 바로 우리 자신이기 때문입니다.

강남역

사람들

그러므로 도시의 역사는 그 주인인 우리 자신의 역사이고 우리가 주인이 될 수 있는 한 이 도시는 생기있는 모두의 활동과 즐거움의 무대이고 장소입니다. 그러나 불행하게도 이 도시를 움직이는 것은 우리 자신의 의지와 행위 그리고 많은 사람들이 모여서 만들어내는 에너지와 이벤트만으로는 부족하기도 합니다. 이 도시는 거대한 자본에 의하여 생산되고 성장하고 재생산되고 정보화되었습니다. 서울은 그 나름의 오랫 동안의 역사와 특징을 가지게 되었습니다. 서울은 복잡한 땅 위의 구조체입니다.

우리가 만들어내는 것은 물리적인 실체만이 아닙니다. 그것은 도시가 담고 있는 무수한 문화입니다. 그리고 그것은 수많은 체계와 구조들의 누적입니다. 이 도시와 건축 그리고 모든 장소들과 공간의 주인은 바로 우리 자신입니다. 이 도시에 가득 들어찬 모든 물리적인 대상들은 우리가 창조한 것이며 우리가 살아가기 위한 배경이고 도구이며 장소들입니다. 그 안에 놓여진 값비싼 물건들도 건축물 자체도 공연장의 공연도 백화점의 상품도 근사한 경기장도 쇼핑몰도 아닌 바로 그 안에서 걷고 보고 경험하고 행위하고 사건을 만들어내는 우리들이 주인공입니다.

청계천

도시의 내용이 무엇이든지 우리는 항상 경험하고 창조하고 사고하고 있습니다. 우리들 대부분에게 살아간다는 것은 도시 속에서 살아간다는 것과 다르지 않습니다. 우리는 끊임없이 우리 자신이 속한 세계와 우리 자신을 창조하고자 합니다. 세계를 창조하는 것은 사실상 우리가 무엇을 얻을 수 있는가와 어떻게 살아가는가를 이해하는 것이기도 합니다. 그 도시의 역사와 구조 역시 살아 있는 우리의 것입니다. 우리는 도시를 바꾸고 누리는 주인공입니다.

건축과 도시는 그러므로 우리 자신을 성찰하게 해 줍니다. 우리 자신은 도시에서 일어나는 삶, 자기성찰, 생활의 변화, 모든 가능한 형태들, 다양한 기능, 사태, 형태, 가능성, 건축물, 통로, 공간에 생명력을 부여하고 사건을 만들고 활동을 가능하게 합니다. 역사는 바로 사람들과 그러한 우리 도시 서울에서 우리가 만들어내는 이벤트와 문화의 기록입니다. 이벤트가 없는 건축은 존재하지 않습니다. 이벤트는 인간의 자유로운 행위이고 그 결과이며 사건이며 미확정적인 일체입니다. 들뢰즈는 이벤트는 그 특별함에 의하여 독특한 개성을 갖는다고 하였습니다. 이벤트는 고무적이며 흥미로우며 흥미를 유발합니다. 우리 도시는 이벤트의 도시입니다.

서울, 아름다운 도시, 장소의 흔적들, 다양한 경계와 영역.

장소

도시는 그 모든 장소들 가운데 가장 크고 특별한 곳입니다. 이 도시를 채우고 있는 특별한 장소들이 연속적으로 창조하는 모든 곳이 도시에서 일어나는 모든 것을 담고 있습니다. 도시는 모든 것을 담는 그릇입니다. 도시의 모든 요소들은 서로간에 영향을 미치고 자극하고 상호작용으로 더욱 발전합니다. 그러므로 도시의 밀도는 점점 더 증가하고 밀도가 증가할 수록 도시는 더욱 크게 작용합니다.

서울은 길을 통하여 묶여진 수많은 건축물과 비어있는 장소들의 연속입니다. 이렇게 채워져 있음과 비어있음은 서로 보완적이며 도시를 구성하는 근본적인 요소입니다. 수많은 구조물과 건축물, 아파트, 오피스, 학교, 시장, 백화점, 화단, 지붕, 난간, 마트, 극장 등이 도시를 채워 갈 수록 광장, 대로, 공원, 고궁, 정원, 주차장, 도로, 옥상정원, 쌈지 공원 등은 함께 균형을 찾아갑니다. 도시의 형상과 배경의 관계는 오래된 질서이고 도시의 물리적 구조의 근본을 형성합니다.

도시는 하나의 단일한 이상적인 장소로서 누적되거나 정의될 수 없습니다. 도시는 이미 그만한 장소의 범위를 넘어 섰으며 다양성과 다면성을 하나로 규정할 수 없게 되었습니다. 그 장소는 결코 종결된 결과를 가질 수 없고 또 다시 구축되거나 의도될 수도 없습니다.

서울은 점점 많은 경계와 영역 그리고 그 영역의 중첩과 연계, 연쇄를 통하여 다차원적 도시, 다중심적 도시, 다면적인 도시를 만들어갑니다. 이제 서울은 더 이상 고립된 섬이 아니며 그것은 도시의 특성을 지닌 다양한 스펙트럼의 변화이고 과정입니다. 이러한 장소로서의 서울을 기록하고 조명하는 것은 우리가 경험하는 물리적 실체를 가장 잘 보여줄 수 있습니다. 서울은 가장 특별한 장소이며 도시이며 영역입니다. 서울은 풍부한 장소들의 총합이며 또 여러가지 색을 가진 영역들의 누적입니다. 이러한 누적은 시간을 통하여 서울이 복합적이고 복층적이며 다층적인 영역과 장소 그리고 통로를 가진 도시로 성장시켰습니다. 그것은 한 순간에 이루어진 것이 아닙니다.

거대한 서울은 아주 오래 전부터 성장하고 변화해 왔습니다. 그러한 시간을 통하여 특정한 장소들은 많은 사건과 이야기를 담게 됩니다. 그러한 장소들은 점점 더 많은 장소들과 함께 여러 층위의 도시 구조의 중심이 됩니다. 결국 다층적 도시는 다중심적 도시를 낳고 새로운 도시의 지형을 조직화합니다. 이 도시의 지도는 이제 예측할 수 없는 비안정적인 이유들에 의하여 바뀌어 가고 있습니다.

이제 이 도시는 메타폴리스(metapolis)이고 메트로폴리스(metropolis)이며, 멀티시티 (multicity)이고, 텔레폴리스(telepolis)이며, 이 시티(e-city)이고 패치워크 시티(Patchwork City)입니다.

경회루

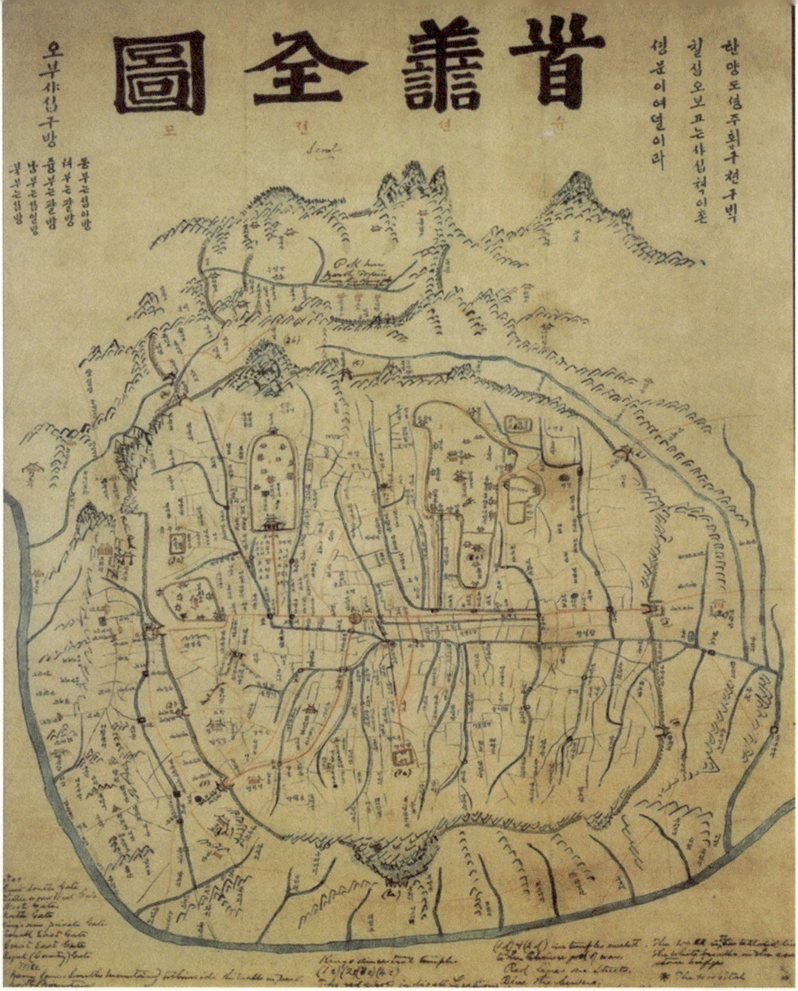

오래된 장소들

우리가 부르는 서울은 아주 오랫 동안 천천히 변화해 온 곳입니다. 그 안에는 지금까지 예전의 흔적을 남기고 있는 곳이 존재합니다. 그 중에서 고궁들은 가장 쉽게 접할 수 있는 장소들입니다. 그러한 여러 곳이 존재하기 때문에 아직도 서울은 600년이 넘도록 우리나라의 중심에 남겨져 있는 것입니다.

경복궁

서울에는 아주 오래된 장소들이 있습니다. 4대문과 고궁 그리고 예전의 하천과 성곽, 오래된 가옥들이 남아 있습니다. 그 한가운데에 경복궁이 있습니다. 이 곳은 조선의 법궁이며 북으로 북악산을 광화문 앞으로 넓은 육조거리(세종로)가 펼쳐지도록 계획되었습니다.

1395년 태조 이성계가 창건하였고, 1592년 임진왜란으로 불타 없어졌다가, 고종 때인 1868년 중건되었습니다. 흥선대원군이 중건하여 경복궁은 330여 동의 건물들이 빼곡히 들어서게 되었습니다. 궁궐 안에는 왕과 관리들의 정무시설, 왕족들의 생활공간, 휴식을 위한 후원공간이 조성되었습니다. 광화문 - 흥례문 - 근정문 - 근정전 - 사정전 - 강녕전 - 교태전을 잇는 중심 부분은 궁궐의 핵심공간이며, 기하학적 질서에 따라 대칭적으로 건축되었습니다.

경복궁 근정전

경복궁 근정전의 십이수 가운데 서측 계단 위 돌난간에 머룻 앉아 있는 원숭이는 둥그런 눈과 커다란 입을 꾸욱 눌러 마치 지나는 사람들에게 이야기하듯 쳐다 봅니다. 밝은 단청 형형색색 날아오르는 날개처럼 바람을 타듯 휘어져 토수 끝에 매달린 파란 하늘과 잘 어울리고 다른 상들과는 달리 둥그런 눈망울이 유달리 이곳을 찾는 사람의 마음을 들여다 보는 듯 합니다. 그렇게 이 오래된 궁은 지금까지 북적이고 시끌벅쩍한 도시의 공간과는 다른 나름의 시간과 공간이 존재합니다.

경복궁 근정전과 처마와 토수 그리고 십이수

이 곳을 바쁘게 지나다녔을 수백년 전의 사람들은 어떻게 살았을지 그리고 무엇을 생각했을지를 상상하게 됩니다. 이 곳은 단지 오래 전에 지어진 왕의 침전이고 사무실이고 놀이공간이라는 것 이외에 지금처럼 특별한 기능이나 모습도 갖추어지지 않은 곳임을 깨닫게 됩니다. 단지 수많은 사람들이 그 오래된 형태만을 감각하면서 극명하게 다른 과거의 세계와 현재를 다시 느끼게 됩니다. 그것을 여유롭다거나 한적하다고 이야기할 수도 있습니다. 나름대로는 이 모든 것을 지각하고 감각하고 이해할 만큼 모든 것이 개개인의 인식 안에 놓여 있는 자연스러움도 깨닫게 됩니다. 이처럼 부드럽고 연속적인 저밀도의 공간은 그 곳곳에 나를 받아들이고 여유로운 손을 드러냅니다. 내가 이 곳에서 편안함을 깨닫기 전에 이야기 해 줍니다.

경복궁 자경전

한단 한단 올려 기단을 만들고 그 한켠으로 계단을 그리고 그 위로 좁은 듯 마음을 개운히 담을 듯 툇마루와 나무 난간이 올려져 있는 교태전 앞으로 층층이 오르는 후원은 마치 작은 물결을 이루는 파도처럼 접어 우아한 처마선 윗단에 수줍게 닿을 듯 푸른 나무 끝에 손짓합니다. 아미산이라 불리는 이 곳에서 하늘은 아담하게 담고 그 만큼 푸른 이파리 나무들이 눈을 시원하게 합니다. 아마도 이 곳에서 잠을 청하고 쉬었을 왕비의 마음에 들만큼 예전의 모습이 얼마나 아기자기하였을까를 생각해 볼 수 있습니다.

경복궁 교태전과 아미산

창덕궁

경복궁이 조선의 중심인 법궁이라면 나머지의 궁들은 모두 이궁이라고 부릅니다. 이궁이란 법궁 외에 왕이 행차하여 머물던 곳입니다. 창덕궁은 태종때 지어진 이궁으로 당시에는 규모가 크지 않았으나 세조가 이 곳으로 이어하면서 궁역을 확장하였습니다. 임진왜란때 불타 없어졌으나 광해군 기간 동안 주요 전각이 복원되고 말기까지 정궁으로 사용되었습니다.

창덕궁은 원형 그대로 가장 잘 남아 있으며 주변의 경관과 세밀한 배치와 요소들로 경복궁 보다도 더 아름답게 보이기도 합니다. 물론 많은 전각이 남아 있고 마지막까지 이방자 여사가 살았던 실제의 거처이기도 합니다. 그 모습은 예전같지 않겠으나 후원과 함께 이어 지는 모습들이 도시 안에 남겨진 훌륭한 보물처럼 여겨집니다.

창덕궁 인정문

경복궁의 근정전, 창덕궁의 인정전, 창경궁의 명정전, 덕수궁의 중화전, 경희궁의 숭정전은 모두 왕이 집무를 보는 곳이고 나라의 중요한 행사를 치루는 곳입니다. 그 이름이 그러하듯이 나름의 뜻이 있습니다. 근엄한 정치와 인의에 따른 정치, 명리에 따르는 정치를 위한 이름들입니다. 인정전은 정면으로 5칸, 측면으로 4칸의 2층 팔작 지붕을 하고 있습니다.

정전의 뜰은 고즈넉하고 이 안에 머물고 있는 사람들은 시대가 다른 기억을 남깁니다. 주변의 회랑을 둘러 한바퀴 걷기에도 바쁜 시간동안 지나쳐야 하지만 그 넓은 푸른 하늘을 담고도 남음이 있습니다. 고궁에 들어서면 자동차 소리, 지나치는 거대한 버스들, 마구 뒤엉킨 사람들의 행렬, 초점을 잃어버릴 듯한 광고판, 간판들로부터 마음의 짐을 벗어 던질 수 있습니다. 숨을 크게 쉴 수 있고 마음을 놓아 지나간 일들은 모두 한없이 넓고 조용한 바람에 날려버릴 수 있습니다. 이 곳에 앉아 쉰다는 것은 마음과 몸을 진정 편안히 바닥에 내려놓는다는 것을 느끼게 합니다.

창덕궁 인정전

지금은 너른 뜰이 남아 있으나 과거에는 모두 빼곡히 들어찬 여러 전각들이 이 곳을 차지하고 있었을 것입니다. 그 모습을 복원하는 것도 그리고 지금의 모습을 유지하는 것도 매우 중요한 일입니다. 창덕궁은 다른 궁보다는 훨씬 더 사람의 냄새가 납니다. 그것은 아마 이 곳이 가장 오랫 동안 가장 많은 왕들이 기거한 곳이기도 하고 주변을 둘러싸고 있는 많은 나무들이 있고 자연스럽게 배치되고 서로 맞물린 전각들이 즐거움을 주기 때문일 것입니다.

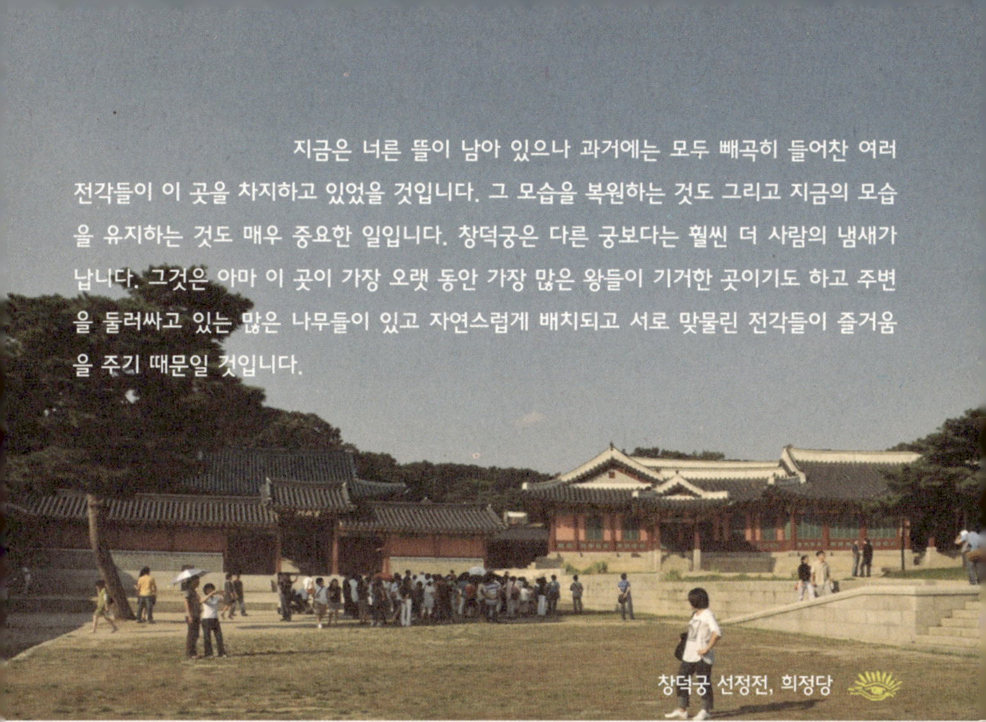

창덕궁 선정전, 희정당

창덕궁 대조전

부용지는 숲으로 둘러싸여 있는 작은 우주를 보여줍니다. 하늘은 둥글고 땅은 네모지다는 전통적인 동양의 우주관에 따라서 세워졌습니다. 맞은편 이층의 전각 아래층에는 규장각이 세워진 곳이기도 합니다. 이 곳 어딘가에는 수백년 전 조선의 왕이 떨어뜨렸을지도 모를 귀중한 보물이 있는지도 모릅니다. 그리고 이 부용지 바닥에 무언가 오래된 비밀들이 가라앉아 있을지도 모르는 상상을 하면서 그늘에 쉬어 갈 수 있습니다. 이렇듯 오래된 장소는 수많은 이야기와 내용들을 담는 그릇이 될 수 있습니다. 이 도시에서 고궁은 은밀한 신화와 상상의 문이 될 수 있습니다. 지금은 사라진 과거의 역사를 대변하고 그 오랫 동안 이 세계를 지켜온 질서의 배경을 거닐 수 있습니다. 역사란 지금도 만들어지고 이어지지만 그것을 과거와 연결하는 것은 어려운 일입니다. 서울에는 그러한 매듭을 지어줄 수 있는 오래된 장소들이 너무나 많습니다. 그곳을 찾는 것은 개인이 살고 있는 역사를 넘어서 사회와 문화의 역사에 닿을 수 있는 기회를 제공합니다.

창덕궁 부용지

창경궁

창경궁은 조선 9대 성종조에 창건되었으나 임진왜란때 불타 광해군때 재건되었습니다. 그 이후로 여러 차례 화재를 당하여 재건과 수리를 더했고 현존하는 전각들은 모두 임진왜란 이후의 것입니다. 창경궁의 본래 모습은 일제 강점기에 더욱 훼손되었습니다. 순종이 창덕궁으로 이어한 후 이 곳에 각종 식물과 동물을 넣은 우리를 설치하고 결국 일제는 1911년에 그 명칭을 창경원으로 바꾸었습니다.

창경궁 명정전

조선의 궁들은 수많은 역사를 겪고 그 역사의 흔적을 고스란히 담고 있습니다. 도심에서 매일 보는 건축물들, 하루가 다르게 세워지는 고층건물, 새로이 들어섰다가 사라지는 현란한 상점들과는 다른 무게가 존재합니다. 어떤 기와는 백년도 넘었을 것이며 발을 딛고 서 있는 바닥의 흙과 돌들은 수백년이 되었을지도 모릅니다. 어느 한켠에는 그 예전의 슬픈 사연이 담긴 소중한 이야기가 있고 또 한편으로는 무시무시한 칼날에 사라진 역사의 인물들이 남긴 흔적도 있습니다. 이 안에서 생활하고 일어났을 일들이 역사라는 이름으로 기록되어집니다. 그 역사는 이처럼 잘 보존되고 기억할만한 곳이 남아 있기에 가능한 것입니다. 우리가 그 전부를 파괴하고 그 위에 전혀 다른 새로운 장소와 건물을 세워 놓고자 하는 동안 600년 한양의 도읍지의 모습은 모두 사라졌습니다. 그리고 그 안에 남겨진 역사까지도 희미해지고 있습니다.

그러므로 한 도시를 과거의 흔적과 함께 보존하고 발전시키는 일은 그 도시에 살고 있는 사람들의 역사와 기억을 함께 보존하는 것입니다. 끊임없이 재생산하고 확인할 수 있는 역사의 풍부한 내용들은 무형의 자산으로만 남을 수는 없습니다. 그것은 유물과 유적 그리고 그것을 가꾸고 남길 수 있는 노력을 필요로 합니다. 이 도시는 생겨나기 전부터 수천년간의 우리 민족의 거처입니다. 그러므로 위대한 정신과 역사를 세우는 것부터 시작되지 않는다면 지금부터의 역사는 모두가 가벼운 낙엽처럼 쓸려갈 것입니다. 역사는 아주 오래된 정신과 흔적으로부터 깊이 고정된 뿌리를 요구합니다. 모든 국가와 민족이 자신만의 기원과 설화를 가지고 있으며 그로부터 신성한 힘을 부여받고 자신들의 긍지를 살려 갑니다. 그것이 바로 역사를 만들어냅니다.

창경궁 홍화문

창경궁은 경사진 언덕과 숲으로 둘러 쌓여 그 모습이 아름답습니다. 많은 사람들이 이 곳에서 휴식을 취하고 도심지 한복판에서 자연을 느낄 수 있습니다. 아마도 그 예전에는 이 도시 전체가 숲이었을 것이고 지금은 아스팔트와 콘크리트로 뒤덮힌 곳은 이처럼 낮고 아담한 가옥들로 들어차 있었을 것입니다. 하늘은 눈부시게 파랗고 어디서든 가득 안을 만큼의 하늘과 손에 잡을 만큼 푸른 숲으로 둘러져 있었을 것입니다. 이 도시는 어쩌면 인간이 감당하기에는 너무나 과밀하고 황량한 구조물인지도 모릅니다. 우리가 치열하게 몸과 마음을 긴장하고 견뎌야만 하는 곳인지도 모릅니다.

창경궁 숭문당 앞

모든 궁들은 남북방향의 축을 가지고 있습니다. 남향을 갖는 궁과는 달리 창경궁만은 동향을 하고 있습니다. 그 이유는 잘 알려지지 않았으나 예부터 풍수지리에 따라 그러했다는 것만이 알려지고 있습니다. 재미있는 것은 모든 전각은 조금씩 틀어져 배치되었으며 그 탓에 시각적으로 자유롭고 변화를 가져올 수 있었습니다.

창경궁에는 앉아서 쉴 만큼 그리고 혼자서 여유를 부릴 만큼 편안한 곳이 많이 있습니다. 이 곳 푸른 궁의 모든 장소들이 그 만큼 여유롭고 시간을 느낄 수 있도록 계획되었거나 이 만큼의 모습이 개인이 아늑하게 여기는 밀도때문인지도 모르겠습니다. 아마도 말 그대로 창경궁(昌慶宮)이기 때문일 수도 있습니다. 이 곳은 가장 즐겁고 흥겨운 궁이었음이 분명합니다. 즉, 보고 즐기고 시간을 가늠하는 곳입니다.

창경궁 통명전

덕수궁

이 곳의 원래 이름은 경운궁입니다. 대한제국 말기 고종이 순종에게 왕위를 물려주고 나서 칩거한 이후 이 곳의 이름이 덕수궁이 되었습니다. 이 곳은 세조의 큰 아들인 덕종의 묘가 있고 덕종의 둘째 아들이 성종이 되어 입궁하면서 성종의 형인 월산대군의 저택이 되었습니다. 경운궁은 임진왜란때 의주로 피난을 간 선조가 환궁하여 불타버린 경복궁과 창덕궁을 대신하여 머물면서 비로소 궁궐이 될 수 있었습니다. 이 곳은 시설이 충분히 넓지 못하였으므로 불필요한 시설은 이전하고 차차 전각을 늘이게 되었습니다. 어느 궁이나 그 차분한 통일감과 한적하지만 무게를 가지고 있습니다. 덕수궁은 그보다는 더 불안정하지만 다양한 시간의 모습을 가지고 있습니다.

지금은 가장 번화한 세종로와 서울시청, 을지로에 닿아 있습니다. 이 곳의 담장 너머에는 높은 고층 빌딩들이 둘러서 있습니다. 마치 이 곳에서 일어나는 일을 모두 지켜보는 듯 도시의 건물들은 오히려 초라하고 경박해 보이기도 합니다. 일제 강점기에 외국의 영사관이 덕수궁 땅에 세워지고 숱한 역사의 사건들이 일어났습니다. 이 곳에서 고종은 외국인들을 맞이 했으며 고종이 숨을 거두자 이 곳의 많은 전각이 헐리고 빈 공원이 되고 말았습니다. 이 궁의 한켠으로 도로를 내고 한편을 헐어 경기여자고등학교와 경성방송국을 지었습니다. 지금은 그 일부만이 남겨져 있습니다. 한 나라의 궁궐이 그 힘을 잃어 모습도 작아지고 훼손되었다는 것을 생각한다는 것만으로도 가슴 아픈 일입니다. 그리고 그 옛 땅에 새로운 고층 아파트와 오피스건물이 들어서기 시 작했습니다.

덕수궁 중화전

석조전은 중화전의 서북쪽에 세워진 서양식 건물입니다. 이 건물은 영국인 브라운의 발의에 의하여 하딩이 설계하고 1900년 기공하여 1909년 준공하었습니다. 원래 1층에는 고종의 거실, 2층에는 접견실과 홀, 3층에는 황제와 황후의 침실과 거실, 담화실, 욕실 등이 들어섰습니다. 으리으리한 도릭 오더를 사용한 이 신고전주의적 건물은 고종의 접견실인 셈입니다. 이 석조전 너머로 광화문에 이르는 높은 빌딩들이 둘러섰습니다. 마치 대한제국 말기에 이 곳 담장을 뛰어 넘어 들고자 했던 수많은 외국인들이 그러하듯 우리 시대의 유물들과 유적들도 자본주의 앞에서는 오래된 기념품에 지나지 않아 보입니다.

1919년 고종은 덕수궁 함녕전에서 붕어하고 1933년 덕수궁을 일반에게 개방하면서 석조전은 내부가 개조되어 일본 근대미술 전시장이 되었다가 1938년 석조전 별관이 준공되자 이왕가 박물관이 되었습니다. 광복후 1946년 미소공동위원회가 사용했고 1947년 국제연합 한국위원회가 사용하였다가 1953년 6.25전쟁 후 국립중앙박물관이 되었습니다. 1973년 경복궁으로 국립중앙박물관이 이전하고 현재는 궁중유물전시관이 되었습니다. 우리 민족의 근현대를 함께 겪은 이 궁궐의 역사는 조선과 대한제국의 역사가 되었습니다. 지금은 그 너른 뜰에서 벤치에 앉아 쉬는 것만으로도 많은 것을 느끼게 해 줍니다.

덕수궁 석조전

남겨진 과거의 기억과 현재의 모습들은 이 곳에 들끓었을 여러 소리들과 대조적인 지금의 조용한 곳에서 되새길 수 있습니다. 이 나라를 만들고 움켜진 사람들과 왕의 모습을 상상할 수 있습니다. 이 아기자기한 담을 기대듯 누군가 걸어가면서 무너지는 제국의 허망함을 슬퍼할 수도 있었을 것입니다. 지금은 잘 차려 입은 연인들이 사진을 찍어가기에 좋은 장소가 되었습니다. 세심한 담장의 디자인과 높낮이의 변화는 바라보는 것 만으로도 즐겁습니다. 푸른 나무의 가지로 배경을 삼고 멀리 보이는 도시의 모습과 붉은 전각들이 이 안에 놓인 비어 있는 정적을 잘게 자르기 시작하고 이내 작은 리듬들을 만들어냅니다.

덕수궁 덕홍전과 석어당을 가르는 담장

경희궁

경희궁은 그 이름을 경덕궁이라 불렀습니다. 광해군 9년 1617년에 창건하여 12년에 완성하였습니다. 당시의 서궐의 그림을 보면 매우 크고 많은 전각들이 들어서 있음을 알 수 있습니다. 이 곳은 왕의 기운이 서린다는 곳으로 인조의 아버지가 지내던 곳이었으나 몰수하여 모두 일만 오천칸의 건물이 들어섰습니다. 창덕궁을 동궐, 경덕궁을 서궐이라고 불렀습니다. 영조때 경희궁으로 이름을 고치고 1829년 순조때 큰 화재로 인하여 많은 전각이 소실되었습니다. 그때까지도 큰 훼손은 없었으나 1900년대 일제는 경희궁 터에 일본인 학교를 세우면서 대대적인 철거가 이루어져 지금의 초라한 모습만 남게 되었습니다.

경희궁 숭정전

경희궁은 유일하게 입장료를 받지 않는 궁입니다. 그 규모도 작지만 실제는 그 궁터가 역사 속에서 훼손되고 다른 건물에 가려졌기 때문에 가장 초라하게 남아 있습니다. 그러나 이렇게 역사속에서 사라진 궁궐은 경희궁 말고도 인경궁이 있습니다. 창덕궁이나 창경궁에 못지 않았다고 기록되어 있는 인경궁은 창경궁과 창덕궁을 수리할 때 전각을 뜯어다가 짓고 그대로 이축하거나 하여 대부분이 철거되고 약간의 건물만이 남게 되었습니다. 경희궁이나 완전히 사라진 인경궁은 모두가 나라의 힘이 약해지고 여러 반정과 역사의 그늘에서 소실된 것입니다. 훼손된 궁을 재건할 힘마저 없으며 그만한 노력을 모을 수도 없었기 때문입니다.

경희궁 숭정문 너머의 신문로

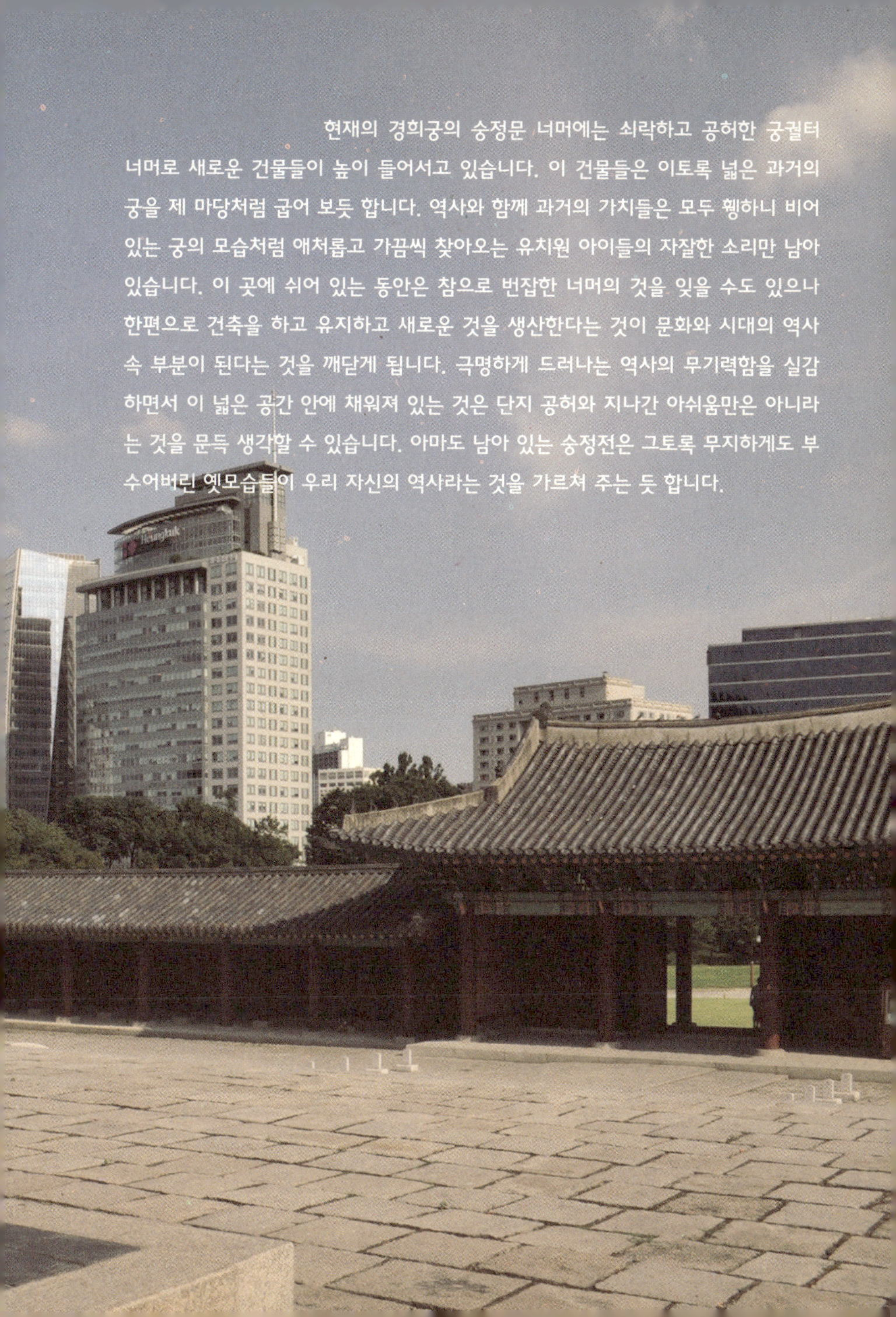

현재의 경희궁의 숭정문 너머에는 쇠락하고 공허한 궁궐터 너머로 새로운 건물들이 높이 들어서고 있습니다. 이 건물들은 이토록 넓은 과거의 궁을 제 마당처럼 굽어 보듯 합니다. 역사와 함께 과거의 가치들은 모두 휑하니 비어 있는 궁의 모습처럼 애처롭고 가끔씩 찾아오는 유치원 아이들의 자잘한 소리만 남아 있습니다. 이 곳에 쉬어 있는 동안은 참으로 번잡한 너머의 것을 잊을 수도 있으나 한편으로 건축을 하고 유지하고 새로운 것을 생산한다는 것이 문화와 시대의 역사 속 부분이 된다는 것을 깨닫게 됩니다. 극명하게 드러나는 역사의 무기력함을 실감하면서 이 넓은 공간 안에 채워져 있는 것은 단지 공허와 지나간 아쉬움만은 아니라는 것을 문득 생각할 수 있습니다. 아마도 남아 있는 숭정전은 그토록 무지하게도 부수어버린 옛모습들이 우리 자신의 역사라는 것을 가르쳐 주는 듯 합니다.

종묘

조선 왕조 역대의 왕과 왕비 그리고 왕으로 추대되거나 왕비에 비하는 왕조의 신주를 모신 곳입니다. 이 곳은 가장 장엄하고 정제된 무게를 지니고 있으며 가늠하여 안기에 벅찬 기단의 광대함에 놀라게 됩니다. 진지한 엄숙함은 이 곳을 찾는 사람들에게 조선의 역사와 그 역사의 의지를 느끼게 합니다.

정전

정전 19실과 영녕전 15실로 크기와 폭은 일반적인 스케일을 넘어서 조선 왕조의 힘을 드러내는 것처럼 느껴집니다. 하늘을 가득 안고 있고 위협적이기까지 하는 거대한 석판들의 조각이 떠다니는 듯한 기단은 이 곳에 오르는 이로 하여금 거대한 역사에 발을 들여 놓았음을 느끼게 합니다. 이 곳은 생각의 공간이고 죽은 왕과 왕비를 새로이 탄생시키는 곳입니다. 무덤이 아니라 거대한 생명의 창입니다.

서울, 아름다운 도시, 결코 끊이지 않는 길, 네트워크 그리고 흐름.

길

서울을 발전시켜 온 것은 그 도시를 생명력있게 만들어 온 우리들 자신입니다. 우리 스스로 그 도시 내에서 활동하고 많은 공간들에 생명력을 부여할 수 있었기 때문입니다. 무엇보다 중요한 것은 이 도시가 우리 자신이 만들어낸 수많은 공간과 그 공간을 의미있게 만드는 우리 자신입니다. 그러한 모든 가치와 의미의 흐름을 창조하는 우리가 도시를 생기있게 만듭니다. 우리는 모든 공간을 이동하고 흐름을 만들어냅니다. 흐름이 소통되지 않는 곳은 결코 하나의 장소가 될 수 없고 발전할 수도 없으며 도시의 부분이 될 수 없습니다.

그러한 흐름의 가장 큰 물리적 실체는 통로입니다. 그 통로의 체계는 도시와 세계를 창조하고 확장시켜 왔습니다. 그리고 발전을 가져 왔습니다. 그러나 우리 자신을 새로운 세계에 가두고 말았습니다. 그리하여 이 통로는 문화와 도시의 대변자이며 동시에 자연과의 경계를 구축했습니다. 우리는 우리가 살고 있는 도시를 수많은 사람들과 공유합니다. 우리는 그 커다란 네트워크에 참여합니다. 이 세계와 사회의 발전은 그 네트워크의 구축과 참여에 있습니다. 우리 도시는 흐름을 통제하기 위한 모든 수단들과 규정 그리고 상징들과 기호의 표지들로 가득 차 있습니다. 그리고 수많은 가능성과 흐름의 다양성이 서울의 모습을 풍부하게 합니다.

우리가 자주 가는 곳들은 걸음으로 이어지기도 하고 자가용으로 이동하기도 하며 대중교통수단을 이용하기도 합니다. 그 모든 지역들은 나름의 연결을 가지고 있으며 그 연결 수단은 우리가 말하는 흐름이고 교통체계입니다. 그 체계는 다양한 장소들을 구분하고 영역들을 분할합니다. 그들을 잇고 나누고 단절시키고 관계를 만들어냅니다.

사실 많은 건축과 도시의 물리적 구조물들은 흐름을 위한 통제의 방식들을 담고 있습니다. 사람들과 물건 그리고 에너지, 가치, 금전, 물, 바람의 흐름은 다른 한편 통과의 의미를 지닙니다. 그것은 현대도시의 장소가 존재하지 않는 통과적 의미의 개념으로 해석되고 결국에는 시간-행위의 결합을 가져 왔습니다. 우리 도시를 통제를 넘어서 소통하게 열어 주는 것은 많은 가능성의 상호작용입니다. 그러므로 오늘날 건축이 표방하고 있는 비결정성과 상호작용, 임의성 그리고 이벤트적 사고와 열려 있음은 기존의 건축적 태도를 바꾸어 놓았습니다. 우리 서울이 가지는 자유로움과 가능성은 그러한 새로운 바탕에서부터 시작합니다.

통로는 거주지의 유형들을 구조화하고, 이동수단의 기회들을 분배하고, 대지의 경제적인 가치를 창조하거나 해체합니다. 또 대지를 뚫고 지나기도 하고 아주 먼 곳을 가깝게 이어주고 그 길을 따라 많은 사람들을 만나게 합니다. 또한 통로는 공간을 창조하고 건축을 생산합니다. 그러므로 통로는 도시구조를 형성하는 가장 중요한 요소 중 하나입니다. 정거장과 종착지, 여행의 시작과 끝으로서의 장소들, 다양한 이동 수단들의 유형 사이로의 이동은 매우 중요한 경제적인 영역이며 사회적인 회합의 장소가 됩니다. 거리는 언제나 매일 매일의 이동 통로일 뿐만 아니라, 만남을 위한 장소이며, 과정으로 이용되고, 거리의 부분으로 사용되었습니다. 높은 밀도를 가진 서울에서는 많은 사람들이 바로 통로에 의하여 도시를 경험하고 확장시킵니다.

도시의 교통과 통로는 조직화된 흐름입니다. 도시의 구역 설정과 통로의 확보는 흐름이 만들어내는 새로운 지도입니다. 그러한 지도는 우리가 예전에는 발걸음으로 만들어 놓았으며 오늘날에는 자동차로 만들고 있습니다. 그리고 수많은 기반시설이 일방적으로 결정해 놓은 것입니다. 우리 도시는 수많은 흐름의 결과로 만들어져 있습니다. 그 흐름은 물류, 자동차, 그리고 사람의 흐름이며 정보의 흐름입니다. 우리시대의 자유로운 교통체계는 이동의 자유를 부여하고 한계를 넘어설 수 있는 수단을 제공합니다. 우리의 도시구조는 물리적인 구축 이상의 보이지 않는 세계를 가지고 있습니다. 그리고 그러한 물리적 구축 이면의 보이지 않는 질서가 우리 도시를 통제합니다.

우리가 인식하는 공간의 형상은 그러한 흐름으로 이루어집니다. 자주 걷는 길을 따라 확인할 수 있는 도시공간은 우리가 기억하는 모든 사건들의 배경이 됩니다. 출퇴근하는 도로, 지하철 노선, 친구들과 만나는 장소, 자주 가는 음식점, 자주 가게 되는 정거장. 그 모두에는 특정한 이름이 정해져 있습니다. 그 이름이 지칭하는 장소는 특정한 위치를 의미하지만 동시에 그 안에서 일어나는 행위와 기억, 친구, 노선, 음식점, 걸음, 시선들, 장면들 모두를 의미합니다. 그러므로 우리 모두에게 하나의 장소는 다른 이름을 하고 다른 의미를 가집니다. 그러한 장소의 연관은 우리의 구축환경을 묶어서 의식 속에 남겨집니다. 우리가 묶게 되는 많은 관계들은 우리가 지나쳐가고 우리 스스로 만들어내는 흐름들입니다.

도시의 모든 흐름은 하나의 기록이고 경계가 됩니다. 궁극적으로 가장 중요한 힘을 갖는 것입니다. 이 도시를 변화시키고 상호작용시키는 궁극적인 원동력이 됩니다. 그러므로 우리가 구축하고 있는 모든 구축환경은 흐름의 통제이며 조정입니다. 흐름은 그 자체로 많은 특성을 지니게 됩니다. 우리가 동선이라 부르던 다이어그램상의 통로는 흐름에 대한 매우 단편적인 하나의 이름에 불과합니다.

서울이 가진 수많은 흐름의 변화는 바로 세계를 바라보는 시각의 변화이고 공간의 변화입니다. 우리는 길을 가늠하고 길로부터 닿을 수 있는 그 어느 장소를 지도 속에 그려 넣을 뿐만 아니라 우리가 알고 있는 어떠한 거리상의 장소로 인식합니다. 그러므로 한 시대의 통로의 변화는 발전의 역사이고 공간적인 지도의 변화입니다.

서울의 발전 그리고 수많은 흐름도, 다이어그램 그것은 모두 도시의 흐름을 바꾸는 것입니다. 그 안에는 물리적이지 않은 변화가 존재합니다. 그것은 도시의 창조가 만들어낸 흐름입니다. 실상 우리가 창조하는 것은 보이는 세계, 물리적 실체, 수치적 결과가 아닌 보이지 않는 흐름입니다. 아주 오랫 동안 우리가 발전시켜 온 것은 건축물 뿐만 아니라 공간과 공간, 장소와 장소, 도시와 도시를 잇는 통로입니다. 그 통로는 사람 뿐만 아니라 물자를 이동시키는 흐름을 만들어냈습니다. 그것은 거대한 지도를 형성합니다. 그리고 그 지도는 이 세계 전체로 확대됩니다. 이 세계는 거대한 통로를 넘어서 영역과 경계 그리고 수많은 흐름으로 가득 차게 되었습니다.

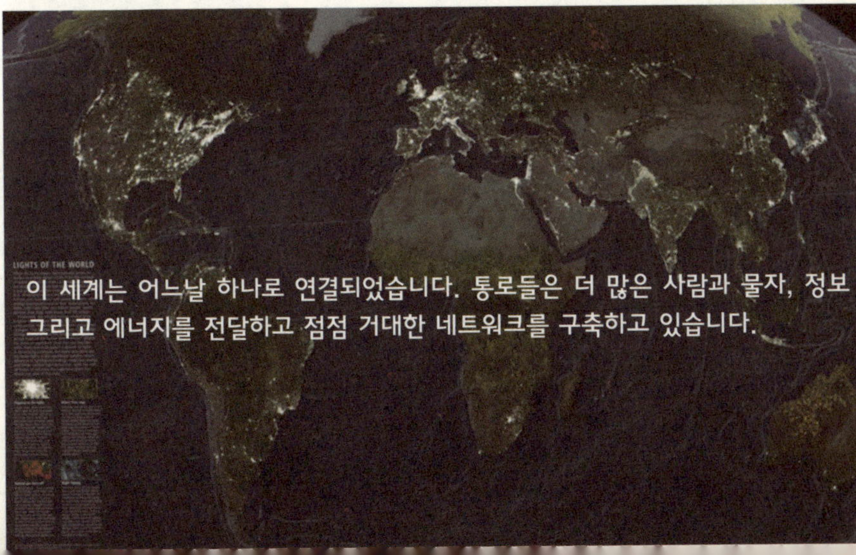

이 세계는 어느날 하나로 연결되었습니다. 통로들은 더 많은 사람과 물자, 정보 그리고 에너지를 전달하고 점점 거대한 네트워크를 구축하고 있습니다.

서울, 아름다운 도시, 잠들지 않는 도시, 시간과 공간으로부터의 자유.

24시간

우리가 살고 있는 서울은 24시간 동안, 하루 종일 북적거리는 사람들과 도로를 달리는 차들 그리고 자신의 일에 바쁘게 보내는 사람 그리고 밤을 밝히는 가로등과 조명들로 잠들지 않는 도시입니다. 그러므로 도시는 해가 지고 나서 새로운 곳으로 변모합니다. 그리고 그것은 주간에 일어나는 다양한 행위와 사건 그리고 문화의 연속이라기 보다는 새로운 전환이며 문화적 층위를 형성합니다.

서울은 아름다운 야경을 지니고 있으며 어둠을 밝히는 수많은 조명과 공간 그리고 그 안에서 일어나는 놀라운 이벤트들이 생겨났습니다. 그렇게 해서 밤의 도시는 새로운 생활권을 형성합니다. 그리고 그렇게 해서 모이는 수많은 사람들은 새로운 통로를 만들어내고 장소를 만들어냅니다. 그리고 그곳은 번화가가 되었습니다. 우리가 그러한 공간을 유지하고 그곳에 밀도를 높이고 이러한 공간들 사이에 흐름을 만들어냈습니다. 그러한 흐름은 공간의 구속과 가능성을 벗어나게 했습니다. 우리는 거의 모든 시간 작업하고 원하는 때에 쉴 수 있으며 지구상의 거의 모든 곳과 24시간 연락하고 그 곳에서 일어나는 일을 경험하고 참여할 수 있습니다.

그것은 우리가 흔히 아침에 일어나 일을 하고 하루 세 끼니의 식사를 하고 저녁에 일을 마치고 밤에 잠이 드는 생활의 패턴을 변화시켰습니다. 그리고 회사에 출근하여 일하고 저녁에 퇴근하여 집으로 돌아가는 일상적인 직장 생활은 재택근무, 해외출장, 현지파견, 국제 회의, 유비쿼터스 등으로 그 공간의 구분을 바꾸어 놓았습니다. 그렇게 해서 새로운 삶의 방식과 공간과 시간을 점유하게 되었습니다. 우리는 새로운 시기에 새로운 곳에 머무르게 되었습니다.

이 세계는 점점 가까워지고 이제 거의 모든 곳이 동일 시간에 동일한 네트워크에 존재하고 모든 장소는 연속적인 물리적 통로가 아닌 시간적 통로, 전기적 통로를 통하여 일체화되고 있습니다.

그 모든 것을 가능하게 하는 수많은 수단과 장치들이 함께 발전해 왔습니다. 이제 시간과 장소의 새로운 개념은 밤과 낮의 구분, 일과와 휴식, 외부와 내부, 가족과 동료, 직장과 가정 등의 구분을 무의미하게 만들었습니다.

서울, 아름다운 도시, 서울을 가르고 흐르는 한강, 두 세계를 잇는 다리.

한강

서울은 도시를 가르고 지나는 한강을 품고 있습니다. 그리고 그 한강을 따라서 많은 공간들이 생겨났습니다. 강변북로와 88도로는 도시를 관통하고 있습니다. 조선의 건국으로부터 오늘까지 서울은 우리 민족의 중심이 되는 수도이며 한강은 그 중심을 흐르는 관문이며 경계였습니다. 그 경계를 잇는 한강의 다리는 팔당대교로부터 시작하여 일반 교량과 지하철 교량까지 합하여 27개나 됩니다. 서울 내에는 17개의 다리가 놓여 있습니다. 이렇게 강을 따라서 생겨난 통로와 가로지르는 통로는 강남과 강북을 잇고 꿰고 있습니다.

이 두 통로는 새로운 통로를 통하여 많은 사람들을 실어 나르고 동시에 물류와 흐름 그리고 많은 행위와 문화를 이동시키는 통로이기도 합니다. 그렇게 해서 수많은 다리는 나름의 관문 역할을 합니다. 그리고 그 역할을 통하여 새로운 영역과 경계, 다시 말해 의도된 교통과 흐름의 통제를 통해 생활권이 생겨났습니다. 시대가 흐르면서 서울의 경계는 더욱 넓혀지고 내부의 통로는 한강을 중심으로 밀도를 높여 갔습니다. 이 통로를 통해서 만들어진 서울의 도시 구조는 다양한 생활권을 형성해 왔습니다. 한강이 만들어 놓은 공간들, 둔치의 공원, 경기장, 수영장, 산책, 유람선, 다양한 스포츠, 놀이터, 휴게소, 선상 카페, 농원과 경계의 도로를 넘어서 고층 아파트, 빌라, 전철역, 쇼핑몰, 백화점으로 확대됩니다.

자연적인 경계이며 연결로서 한강은 도시의 또 다른 삶을 담는 문화를 만들어냅니다. 고대로부터의 문화의 중심이었던 한강은 공간의 구조를 바꾸어 놓았습니다. 그리고 문화공간으로서 한강 르네상스를 꿈꾸고 있습니다. 한강은 도시의 남북을 흐르는 거대한 통로와 흐름에 새로운 힘을 부여해 왔습니다. 그러나 한강 유역과 한강이 가진 본래의 기능은 매우 축소되고 삶의 터전이라기보다는 단지 거대한 물길이고 배수로이고 휴식처입니다.

어느 순간 한강은 도시 내에서 생산의 역할을 멈추고 말았습니다. 하나의 거대한 서울은 두 개의 다른 두 도시를 안고 있습니다. 그것은 한강이 생산을 위한 역할을 하였던 역사의 도시인 강북과 현대의 도시인 강남입니다.

강남과 강북, 두 세계는 결코 근접하거나 충돌할 수 없는 경계 한강을 가지고 있습니다. 우리시대의 한강은 새로운 경험의 대상이 되고 있습니다. 점점 더 많은 곳에 더 오랜 시간 동안 더 많은 사람들이 머물고 활동함으로써 남겨지고 소멸된 곳이 아니라 새로운 공간으로 확장되고 있습니다. 그러한 가능성은 서로 다른 두 시간의 도시가 한강을 통하여 연장될 수 있다는 것을 확인시켜 줄 것입니다.

지하철

이 도시의 그 모든 것을 묶고 연결시키고 있는 것은 통로들이며 그 통로들은 거대한 순환의 체계입니다. 그 순환은 사실상 인간의 이동 가능성 이상의 의미를 지니고 있습니다. 우리 도시의 중심축이 되는 도로, 서울시를 가르는 지하철 노선 그리고 하루 이용 인원이 수백만에 이르는 지하철 순환체계, 중요한 거점들로부터 뻗어나가는 대중교통 체계들 그리고 수도권을 잇는 교통체계 다수의 정점들. 고속도로, 순환도로, 간선도로, 버스, 마을버스, 수많은 교각들, 고가도로. 터널. 이 모두는 우리 지역을 묶고 생기있게 만드는 혈관과 같습니다.

지하철은 서울을 잇고 흐르는 또 다른 통로이며 가장 거대한 흐름입니다. 이 흐름을 통하여 수백만의 사람들이 이동하고 그들은 이 공간에서 저 공간으로 이동할 수 있습니다. 그렇게 함으로써 새로운 도시의 구조가 생겨났습니다. 그것은 역세권을 형성하고 생활의 중심이 되었으며 문화공간의 중심이 되었습니다. 그러면서 이 도시는 지하철이 멈추어 설 수 없는 공간들을 만들어냈으며 그로 인하여 많은 인적 자원들을 옮겨 놓을수 있게 되었습니다.

서울의 지하에는 9개의 지하철 노선과 4개의 지선이 관통하고 서로 연결되고 있습니다. 언제인가는 더 많은 수의 노선이 더 많은 곳을 연결하고 다층적인 체계를 완성할 것입니다. 지하철은 지상통로와는 달리 연속적이고 점진적인 네트워크를 가지지 않고 거점적인 네트워크를 구축합니다. 각각의 거점이 갖는 단속적인 연결은 전체 네트워크를 더욱 효율적으로 강화시킬 수 있습니다. 그리고 서울을 다중적이고 다중심적으로 만들어갈 것입니다.

지하철을 통하여 다양한 장소와 공간에 닿을 수 있고 그 가운데는 역사적 장소와 문화적 장소가 포함되어 있습니다. 우리는 무엇인가 할 수 있고 사람들을 만나고 일을 하고 즐기고 학교를 다니고 나들이를 하는데 이것은 새로운 도시의 구조를 만들어냅니다. 그 많은 지하철 역사는 우리가 가장 중요하다고 여기거나 그렇게 만들어져야 하는 생활의 영역을 묶고 있습니다. 수많은 지하철 역사는 더 많은 경험과 사건들로 채워져 갑니다. 우리 도시 서울은 지하철을 통하여 닿을 수 있는 공간의 연속입니다.

지하철 역사는 일정 지역 네트워크의 중심지에 결정되고 이렇게 더해진 새로운 통로의 출구는 그 지역의 랜드마크이며 결절점이 되고 경제적 중심지가 됩니다. 동시에 서울의 거대한 네트워크에 결속됩니다. 그러므로 아주 많은 사람들을 빠르게 이동시키는 지하철은 그 역사가 생기는 장소에 상상할 수 없는 영향을 미칩니다. 그렇게 설정된 역사들의 네트워크는 도시에 새로운 흐름을 창조합니다.

그러한 새로운 흐름은 강력하고 견고한 통로를 형성하고 서울시에서 가장 중요한 통로가 되었습니다. 걸어서 이동하거나 승용차로 이동하는 사람을 제외하고 공공 교통수단을 통하여 도시의 흐름을 유지시키는 것은 매우 중요한 문제가 되었습니다. 그러면서 도시의 중요한 거점들은 지하철을 통하여 하나로 통합되기 시작했습니다. 이 도시는 지하철과 버스를 통하여 새로운 구조를 만들어냈습니다. 버스와 같은 대중 교통수단들이 지하철과 결속되고 거시적으로 철로와 고속도로와 연결되면서 거대한 통로의 그물들이 만들어졌습니다.

이 도시는 여러분을 둘러싼 구조물과 그 나머지 비어있는 공간들의 통합체입니다. 우리는 그 물리적 구조물을 창조합니다. 그것은 건축입니다. 그리고 비어있는 공간을 창조합니다. 그것은 장소입니다. 이 둘 사이에 생겨나는 것이 바로 건축의 의미이고 문제들입니다. 비어있는 공간 가운데 공원과 녹지는 도시를 자연과 연결하는 새로운 영역을 창조합니다. 그리고 자연이 가진 의미와 가치를 연장시키기 위한 시도입니다.

한강 둔치 당산역 인근 공원

녹지

우리 도시 내에는 다양한 자연공원과 근린공원 그리고 생태경관보전지역이 있습니다. 그곳은 들어차 있는 물리적 실체가 아니라 우리가 쉴 수 있고 마음과 감정을 달랠 수 있는 곳입니다. 서울은 지나친 경계와 한계 그리고 중첩된 통로들에 의하여 점점 더 가속화되고 더 빠른 것만을 유도하는 도시가 되고 있습니다. 더 높은 밀도를 지니도록 과도하게 개발되고 더 높은 효율성을 얻기 위한 통로의 교차는 네트워크를 가속화하고 시간과 공간의 구조를 바꾸어 놓았습니다.

공원과 녹지는 도시에 남아 있는 여백이며 시간을 늦추고 변화하지 않는 정지된 공간으로 존재하도록 합니다. 그러므로 공원과 녹지는 서울에서 비어있는 공간들의 중심이 되고 살아가는 우리 모두에게 도시적 삶과 대조적인 공간으로 정점을 이루고 있습니다.

서울, 아름다운 도시, 비어있는 여백, 공원과 녹지의 확장.

우리는 다양한 네트워크 속에 비어있는 공간과 장소, 녹지와 공원의 네트워크를 구축함으로써 가속화되고 과밀화된 우리 도시에 호흡할 수 있는 여유로움과 생기를 부여할 수 있습니다. 그리고 생태학적이며 지속가능한 도시의 환경을 구축하는 첫걸음입니다.

과밀, 과속, 결합, 통합, 네트워크, 형상으로 가득찬 서울의 내부에 그와는 다른 시간과 공간을 갖는 여백을 얻는 것으로서 녹지를 유지하는 것은 궁극적으로 긴장과 이완을 유지하며 지속적인 발전을 가능하게 하는 배경이 될 것입니다. 도시는 성장하고 발전하고 더욱 많은 것을 생산하지만 그 끊임없는 소비를 통하여 비순환적인 체계와 형식들을 강요하고 있습니다. 도시를 건강하게 만들기 위한 여백과 휴식은 거대한 멈추어져 있음이고 변화하지 않고 돌아갈 수 있는 배경입니다.

서울, 아름다운 도시, 조선의 한양 이후 600년,
오래된 건축물과 우리 시대의 건축물

한양

서울은 지금으로부터 620여년 전 조선 왕조에 의하여 풍수지리 사상과 성리학을 토대로 계획되었습니다. 당시 성리학은 우주의 근본원리와 인간의 심성문제를 다루는 철학입니다. 조선 왕조의 건축을 주도한 사대부는 정치, 경제 문제에 관심을 가지고 경세에 주력하며 합당한 윤리질서를 갖춘 도성을 계획하였습니다. 태조는 실제로 터의 형세를 살피면서 도읍지의 입지를 판단하고 도성계획 및 시설물을 배치하였습니다.

경복궁 근정문에서

한양(漢陽)이라는 말은 한강의 북쪽 그리고 산의 남쪽이라는 뜻입니다. 서울의 도시경관은 1394년 8월 태조가 도읍지를 정하고 이후 도성계획을 하고 시설물을 배치하면서 시작되었습니다. 같은 해 9월 종묘, 궁궐, 시장, 도로 터를 정하고 권중화를 중심으로 한 신하들이 한양 도성 건설계획을 그린 설계도를 바쳤습니다. 이후 도성의 경관은 천천히 건설되었습니다. 정도전은 경복궁, 근정전을 차례로 건축하였습니다. 종묘는 궁궐 왼쪽에 사직은 오른쪽에 두고 궁궐 앞에는 외조를 두어야 한다는 규범에 따라 배치하였습니다. 경복궁 앞대로에는 의정부, 육조 등의 주요 관아를 배치하였습니다.

도성에는 예제의 입장에서 볼 때, 나라를 지켜주는 각종 신령을 모시고 제사를 지내기 위한 시설을 갖추었습니다. 종묘와 사직, 공자의 신위를 모신 문묘, 농사를 주관하는 선농신, 양잠을 주관하는 선잠신 등이 한양 내에 자리를 잡았습니다. 한양의 도시경관은 유교적 질서에 의하여 예제가 실천되는 장소로 지어졌습니다. 그러나 조선 초기만 하더라도 한양 도성 안에는 불교사찰도 건설되어 있었습니다. 그렇게 해서 옛 서울은 사대문과 성곽 안에 나라의 모든 일을 주관할 수 있는 하나의 도시를 완성하였습니다. 그리고 지금까지 600년이 넘도록 변화해 왔습니다.

창덕궁 후원 입구

시대의 문화

건축은 우리시대의 문화입니다. 우리가 살아가고 생활하고 생각하고 경험하는 바를 반영한 실체이고 배경입니다. 우리시대의 문화의 개념은 그 무엇보다도 광범위합니다. 한때 우리는 문화를 특수한 계층의 사회에만 적용하기도 하였습니다. 문화라고 부르는 것은 그 대상의 특별함에 있습니다. 지금까지 야만, 자연, 저급함 등과 구별되는 것으로 사용되었습니다. 오늘날 우리는 건축문화, 도시문화, 전원문화, 문화생활, 이식문화, 창작문화 등 거의 모든 삶의 방식에 사용하게 되었습니다. 우리는 이미 문화의 한 가운데 존재하고 문화가 지칭하는 대상 역시 포괄적이 되었습니다. 이 도시에 살고 있는 우리가 보고 듣고 행동하고 생활하고 움직이는 모든 것은 현대의 생활방식이고 그것은 문화의 일부로 받아들여집니다.

건축문화는 건축을 통하여 생산하고 건축과 상호작용하는 거의 모든 삶의 지식, 신앙, 믿음, 도덕, 법률, 관습 등의 사회적 총체를 일컫습니다. 우리는 건축을 통하여 생산한 인공적인 물리적 세계에서 삶을 유지하고 우리 문화는 바로 그 건축적 배경에서 존재합니다. 따라서 건축을 예술을 담는 그릇이라고 불렀듯이 우리 시대에 건축은 우리 문화를 담는 물리적 세계라고 할 수 있습니다. 그러므로 우리 시대의 인공적 세계는 바로 건축문화입니다.

문화(文化, culture)를 한자어로 찾아 보면, 문(文)은 사람 몸에 그린 '무늬' 모양, 또는 획을 이리저리 그어서 '글자' 모양을 나타낸 글자이며 그 뜻은 글월, 글자, 무늬, 문서, 책, 몸에 새기다, 꾸미다 등을 가지고 있습니다. 화(化)는 '숟가락'이나 고기를 베는 '비수'의 모양을 본뜬 글자입니다. 그 뜻은 되다, 교화하다, 가르치다, 따르다, 변천하다, 죽다, 망하다, 교역하다, 변화, 요술, 죽음, 집 등의 다양한 뜻을 지니고 있습니다. 그리고 化는 두 사람이 서로 마주보고 있는 형상도 지니고 있습니다. 그러므로 이 글자는 사람들 사이에 일어나는 관계에서 형성되는 이야기와 무늬, 즉 하나의 모습과 형식을 의미합니다. 즉, 사람과 사람 사이에서 존재하는 모든 것이 바로 문화를 의미합니다.

문화는 개인의 산물도 아니며 감추어진 것도 아닙니다. 그것은 드러나 보이는 것이며 우리들이 함께 공유하고 여러 사람들 사이의 상호작용에 의하여 생겨나는 것입니다. 우리가 건축하는 이유는 건축물과 도시를 위한 것이 아닙니다. 우리가 건축하는 이유와 목적은 바로 우리들 자신을 위한 것이며 우리 자신이 생활하고 휴식하고 일하고 사랑하고 경험하고 창조하기 위한 배경을 마련하는 것입니다. 그것은 바로 우리 삶의 방식이자 문화를 창조하는 것입니다. 도시환경의 구축은 문화적인 문제이며 문화를 확장하고 생성하는 것입니다. 경제, 예술, 과학, 사고 등의 상호 교차하는 초점으로서 세계의 확장을 의미합니다. 건축은 우리 시대의 산물이고 우리 문화의 산물입니다.

건축물이 지속될 수 있는 유일한 방식은 한 시대에 적절한 문화적 대상이 되는 것입니다. 진보된 문화로서 궁극적 목적은 개개인의 삶의 질을 증대시키는 것입니다. 그러므로 건축은 그것에 이바지해야 합니다. 정보와 커뮤니케이션 기술의 확대는 창조적 행위를 확대시키고 더욱더 지속적인 발전을 유지시킵니다. 진보된 문화는 인간의 행위와 정보, 커뮤니케이션 기술에 의하여 창조됩니다. 정보의 기술은 동일한 행위를 유발하는 도구가 아니라 새로운 행위를 창조하기 위한 영향력이고 토대입니다. 진보된 문화는 미래의 구축에 대한 낙관적인 전망과 확신을 제공합니다. 그러므로 더욱더 진보적 건축물과 안정적인 도시와 거대한 정보의 세계를 유도하고 행복과 여가시간을 제공하고자 합니다.

건축하기

건축을 한다는 것은 무엇인가 구축하는 것이고 질서를 잡는 것이고 생산한다는 것입니다. 그리고 특정한 구조물과 체계 안에서 프로그램과 상호작용을 생산합니다. 그 안에서 일어나는 많은 행위와 사건들과 반복되며 안정적인 가운데 그 가능한 삶의 양식들을 창조합니다. 그러므로 건축작업이 창조하는 것은 건축물 자체만이 아닙니다. 우리는 어떠한 다양성을 소유하고 창조하고 적응하고 새로운 가능성을 발견하고 그것을 실현시키는 가운데 건축을 하는 것입니다. 어떠한 다양성을 재생산하는 반복적 시스템을 자연스럽게 삶에서 창조하는 것을 목적으로 합니다.

그것은 새로운 창조가 아닙니다. 항상 있어왔던 삶의 유지이고 확대이고 우리 자신을 더욱 인간답고 아름답게 하는 노력입니다. 건축은 그러한 배경으로부터 시작하여 인간을 존재하는 삶의 배경으로부터 더욱 자유롭게 하고 그 안에서 자신의 가치를 창조하고자 하는 노력 전체를 일컫습니다. 그러므로 건축이 생산하는 것은 삶의 모든 가능성을 가치있게 조절하는 도구를 제공하는 것이기도 합니다.

명동 입구

이 삶이 나름의 의미와 가치를 얻기 위하여 존재하지 않는 구조물을 상상하고 디자인하고 그것을 도면화하고 실체에 근접한 모형을 창조하고 구조적 실체를 구체화하는 것도 건축입니다. 나아가 그러한 물리적 실체 내에서 가능한 인간의 삶과 영역을 창조하는 것입니다. 그러므로 우리는 매일 창조하고 있으며 매 순간 건축하고 있습니다. 우리 모두는 진정한 건축가이며 자유로운 삶의 창조자입니다.

먹고 마시고 떠들고 이야기하고 움직이고 읽고 듣고 달리고 마주보고 잡고 던지고 자고 자랑하고 잠들고 입고 생각하는 그 모든 것이 창조되고 그 모든 것을 체계화하고 관습화하고 질서화하고 그로부터 새로운 문화를 만들어내는 것이 바로 건축입니다. 건축은 어려운 그 무엇이 아니라 누구나 하고 있고 누구나 할 수 있고 또 자신을 위하여 항상 지속적으로 해야만 하는 것입니다. 우리는 거대한 콘크리트의 기둥을 세우는 것을 건축이라 여기지만 실제로 건축은 우리 자신이 살고 있다는 것이며 그 안에서 충실하게 자신을 바라보는 것입니다.

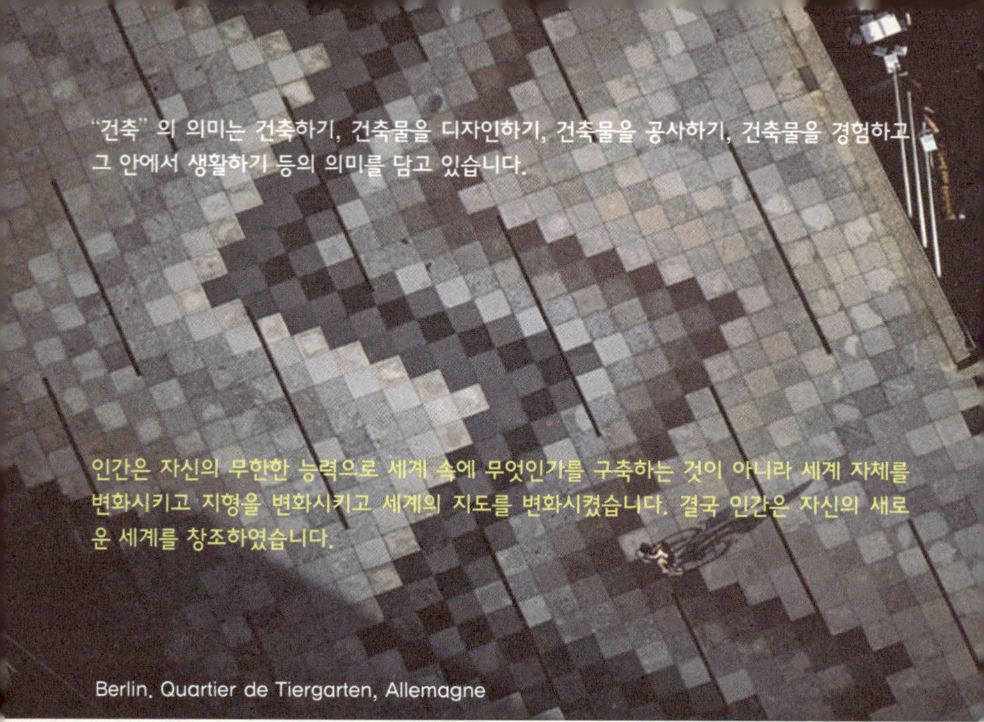

"건축"의 의미는 건축하기, 건축물을 디자인하기, 건축물을 공사하기, 건축물을 경험하고 그 안에서 생활하기 등의 의미를 담고 있습니다.

인간은 자신의 무한한 능력으로 세계 속에 무엇인가를 구축하는 것이 아니라 세계 자체를 변화시키고 지형을 변화시키고 세계의 지도를 변화시켰습니다. 결국 인간은 자신의 새로운 세계를 창조하였습니다.

Berlin, Quartier de Tiergarten, Allemagne

Guatemala, Paysage agricole

이 세계의 지형은 천천히 변화하고 있으며 그것은 다른 무엇을 위한 것도 아닌 인간의 삶과 존재를 위하여 변화시키는 것입니다. 그러한 변화는 궁극적으로 자연의 변화이고 인간의 무대로서의 자연을 창조하는 것입니다. 그것은 새로운 자연 인간의 자연입니다.

Greece, Village, Cyclade

Egypt, Old Tombs

인공적인 구조물은 좀 더 분명한 흔적들을 남깁니다. 그리고 그곳에는 새로운 경계와 가능성 그리고 영역과 가치를 생산합니다. 이러한 구조물이 요구하는 의미와 기능은 그 안에서 생산할 수 있는 수많은 행위와 삶의 방식을 통제하는 것이며 대변하는 것입니다.

인간은 자연을 개척하고 인공적인 세계를 창조하고자 했습니다. 그러나 그 어떤 시기도 자연을 파괴하고 고립되거나 혹은 자연을 뛰어 넘어 인간의 건축물을 창조하지는 못했습니다. 지난 시기 동안 가장 훌륭하고 위대한 건축은 항상 자연과 공존하고 자연을 극복하는 것이었습니다.

Japan. Kyoto.

Madagascar. Traditional Village.

그러므로 과거의 건축물은 그 시대와 지역의 여건과 기후, 풍토, 지형에 따라 매우 다른 건축물을 성장시키고 발전시켜 왔습니다. 그것은 가장 적절한 건축양식이고 형태였습니다. 건축물의 형태, 재료, 구축방식, 배치, 향, 문양, 요소들은 모두 그 지역에 가장 적합한 실체입니다.

Mexico, Mecaltitan.

경복궁. 향원정.

그리고 우리나라 역시 나름의 형태와 양식을 발전시켜 왔습니다. 그러한 가치는 어떠한 현대의 가치기준으로 판단할 수 있는 대상은 아닙니다. 오히려 당연히 가장 가치있고 시간을 통하여 증명되고 유지되어야 할 유산입니다. 전통은 오래된 과거의 유물이 아니라 가장 적합하게 선택되고 발전시켜 온 지역의 문화이고 보존하고 지속적으로 발전시켜야 할 현재입니다. 전통은 그 자체로 가치있는 것으로 존중되고 받아들여져 왔습니다.

통도사 가는길

건축물은 세련되고 도시적이며 멋지고 그럴듯 하다고 여기는 것들만 존재하는 것은 아닙니다. 이 도시를 벗어나는 순간부터 전혀 다른 전경이 펼쳐지겠지만, 우리가 살고 있는 도시 안에도 오래되고 고풍스럽고 고요하고 아늑하며 평안한 장소가 많이 있습니다. 그곳은 시간을 통하여 자연스럽게 자리잡은 영역입니다.

창덕궁 후원

이 곳은 오랜 시간 동안 거느려온 역사의 무게와 가치를 느낄 수 있는 곳입니다. 우리 도시가 만들어 놓은 시간과 관계의 틀 이전에 세워진 과거의 문화와 생활을 담은 곳입니다. 그러므로 담장 밖의 세계와 속도, 밀도, 감각, 경험을 다르게 느끼게 됩니다.

창덕궁 승화전 인근

그리고 그러한 시간만이 가져다 줄 수 있는 가치와 아름다움이 존재합니다. 그 안에서 더 많은 내용이 시간을 통하여 기록되고 기억되고 쌓이게 되고 건축물과 장소는 그 모든 것을 담아내게 됩니다.

덕수궁 즉조당

4. 도시의 장소성과 서울의 건축

시간을 통하여 이루어 온 역사를 이해하는 것만이 서울을 본래의 가치와 모습에 가깝게 이해하도록 도와줄 것입니다. 이 도시는 지금도 변화하고 있습니다. 그리고 앞으로도 수백년간 지속될 것입니다. 그것을 지키는 것도 우리의 의무이고 올바르게 남겨주는 것도 그리고 과거를 미래와 훌륭하게 이어주는 것도 중요한 일입니다. 무엇보다도 일제에 의하여 단절된 역사를 복원하고 본래의 의미를 부여하는 것도 반드시 이루어져야만 할 것입니다. 예나 지금이나 이 나라를 세우고 뜻과 의미를 세우는 첫 번째 일은 역사를 세우는 일이기 때문입니다.

경희궁 숭정문

서울의 장소성

우리 도시는 역사를 지니고 있고 오랫동안의 풍부한 내용과 사건, 그리고 많은 사람들이 가지는 기억들을 함께 담고 있습니다. 그러한 내용들이 풍부해질수록 도시는 풍요로워집니다. 새로 넓게 낸 길이나 청계천, 서울역 광장, 수많은 버스 정거장, 도시 전체에 흩어져 있는 지하철 역, 그 많은 장소들이 서로 얽혀서 그물같은 도시의 구조를 만들어냅니다.

시청 앞 광장

도시를 활기있게 하고 가치있게 하는 것은 단순히 훌륭하게 뻗어있는 도로와 기반시설, 통로-상하수도-전기-통신의 네트워크, 잘 정리된 택지, 훌륭하게 세워진 건축물만으로 이루어지지 않습니다. 그 안에 비어 있는 녹지와 공원, 사람들이 모일 수 있는 장소가 필요하고 시간도 필요합니다. 개별적인 장소에 도시의 의미를 생산하고 누적시킬 수 있는 시간이 없다면 그 장소는 아무런 이벤트도 생산할 수 없기 때문입니다. 우리는 오래된 친구와 다니던 길, 함께 갔던 당구장, 포장마차, 호프집, 만나던 지하철역, 까페 등을 기억합니다. 연인과 데이트를 하며 소중하게 생각하는 장소를 기억합니다.

가족과 함께 갔던 식당, 멋진 호텔, 여행지 등을 기억합니다. 그리고 그 곳에서 특별한 의자, 테이블, 벤치, 한 그루 나무를 기억합니다. 그것은 우리에게 남겨진 기억과 함께 시간을 통해 지속되는 의미들입니다. 그렇게 시간이 필요하고 그 시간과 끊임없이 흐름을 만들 수 있는 통로 역시 필요합니다. 그리고 역사도 필요합니다. 시간을 통해 누적되는 의미와 사건들을 담을 역사는 그 장소를 더욱 값지게 합니다.

그러한 장소와 통로, 사람들이 함께 중요합니다. 그 중 어느 하나라도 모자란다면 훌륭한 의미를 생산할 수 없고 훌륭한 도시를 만들 수 없을 것입니다. 오랜만에 방문한 기억 속의 장소를 찾아 갔을 때 그 곳에 들어선 낯설고 당황스러운 새로운 건물이 세워져 있다면, 우리는 오랫 동안 소중하게 간직한 기억을 단지 추억으로 넘기게 됩니다. 그러나 한참이 지나도 그대로 남아 있는 장소는 놀라운 기쁨과 생명력을 선사하고 그 장소를 찾아가는 사람들이 끊이지 않는 한 장소만의 의미를 갖게 됩니다. 그것을 우리는 장소성이라고 부릅니다.

우리는 끊임없이 장소를 만들어내고 그 장소와의 관계를 유지시킴으로써 삶의 영역을 확장해 갑니다. 그렇게 해서 장소성을 지니는 장소들은 훌륭한 활동의 무대이고 의미를 유지시키는 배경이 됩니다. 장소는 그래서 무엇인가 일어나야만 하는 곳, 무엇처럼 보여지거나 무엇인가가 기대되는 곳, 어떠한 행위가 요구되거나 일어나는 곳이 됩니다. 혹은 역사상 무엇인가 일어난 장소, 무엇인가가 있거나 기대되는 곳, 물리적 여건으로서 공간, 재료, 색상, 형태를 지닌 곳, 반복적인 행위와 사건이 발생하는 곳입니다. 그러한 곳을 우리는 유명한 장소라고 합니다. 그것은 그 곳이 장소성을 얻었다는 의미가 됩니다.

서울 시내에는 수많은 공공기관, 영화관, 식당, 지하철역, 백화점, 쇼핑몰, 대형서점, 고궁, 고건축, 교회, 성당, 사찰, 교통량이 많은 사거리, 공원, 오래된 건물, 오래된 상점, 특별한 건축물 등 이루 셀 수 없는 많은 장소들이 존재합니다. 그곳은 모두 삶의 배경이고 수많은 서울 시민이 함께 공유하는 장소입니다. 그러한 거점들을 통하여 많은 사람들이 도시의 의미를 공유합니다.

도시의 사람들은 모두 자신이 어딘가를 알고 있고 그 곳에 방문하고 머무르고 이야기하고 그곳에서 사람을 만나고 무엇인가를 하고 휴식하고 식사를 하고 술을 마시거나 여러 가지 행위를 한다는 것을 잘 알고 있습니다. 그러나 그러한 장소들이 개개인의 존재와 가치를 확인시켜 주고 그 장소들의 확실함과 네트워크가 개인의 삶의 내용을 만들어낸다는 것을 깨닫기는 쉽지 않습니다. 우리가 먹고 마시고 잠들고 이야기하고 움직이는 모든 것이 실은 자신이 시간과 공간의 내용을 만들어낼 뿐만 아니라 그 내용이 개개인 자신의 존재가 되기도 합니다. 이 도시를 어떻게 이해하고 감각하고 경험하는 가는 개인의 역량이며 삶의 내용이 됩니다.

경복궁 안에서 바라보는 외부는 지나치게 다양하고 너무나 많은 표식과 광고, 형태와 과장들로 가득 차 있습니다. 이 안에 없는 것은 바로 그러한 수많은 현대의 언어들입니다. 그 경계에 서 있는 개인은 서로 다른 두 세계의 시간을 동시에 감각할 수 있습니다.

도시는 그러한 사람들이 만들어내는 기억과 사회의 내용으로부터 의미를 얻게 됩니다. 많은 사람들이 공통적으로 지니게 되는 도시의 의미와 그 내용들은 진정한 물리적 실체를 구체화시킵니다. 지금까지 많은 사람들이 이 도시의 역사와 아름다움에 대하여 이야기하였지만 지금부터 더 많은 사람들이 함께 느끼고 가꾸고 이야기할 수 있는 때가 되어야만 도시는 과연 그렇게 의미화될 수 있습니다.

경복궁 근정전 앞 마당과 십이수

새로운 길 위에 수많은 자동차와 사람들, 빼곡하게 들어찬 건물과 그 건물 사이로 난 통로들, 수많은 상점과 물건들, 그리고 진기한 그림과 광고판, 건물들의 입면을 채우고 있는 다양한 디자인, 재료들, 수많은 색채와 가로수, 그리고 사람들과 그 사람들을 나르는 자동차와 버스들이 이 도시를 풍부한 이야기의 그릇으로 만들어줍니다.

명동 입구

을지로

이 도시에는 사람들이 삶을 누리고 있습니다. 거대한 건물 안에서 사무를 보는 회사원에서부터 모든 물건들을 팔고 사는 사람들과 그 물건을 나르는 사람들 그리고 그 무엇인가를 생산하는 사람들이 있습니다. 이 도시는 물론이고 우리가 살고 있는 사회 전체가 바로 그러한 생산과 흐름을 통하여 삶을 유지합니다. 그 밖의 모든 경제적 가치는 흔히 말하는 부가가치인 셈입니다.

명동

서울은 너무나 신나고 너무나 즐거운 많은 곳들로 가득 차 있습니다. 그리고 그 곳에 우리가 사랑하는 사람들과 이웃들과 함께 할 수 있습니다. 많은 사람들이 도시를 함께 공유합니다. 그 장소들은 서로 적당한 거리를 두고 서울의 여러 지역의 중심지가 되고 각각 다양한 특색과 문화, 이벤트를 담고 있습니다. 이 도시는 그러한 무수한 중심들의 도시입니다.

창덕궁

너무나 많은 이야기들이 도시에는 존재합니다. 그리고 모두 다 즐길 수도 없을 만큼 굉장히 많은 즐거운 세계와 장소가 존재합니다.

논현동

결국 도시를 더 발전시키는 것은 경제적인 부도 건축적인 역량도 도시의 구조도 아닙니다. 바로 그 모든 것을 가능하게 하는 사람들의 흐름이 우리가 알 고 있는 모든 것을 창조하는 시작입니다.

명동

그 모든 장소는 비록 구경을 하거나 산책을 하거나 데이트를 할 지라도 그 곳에 더 많은 사람들이 모임으로써 새로운 가치와 생활의 방식들을 만들어내는데 그것은 그 장소의 문화가 됩니다.

명동

이 도시의 건축작업이 보여주는 결과들, 보이는 간판들은 그 곳이 사람들이 찾아갈 수 있는 상점이고 음식점이고 주점이고 사무실이라는 것을 알려줍니다. 이러한 배경과 이곳을 찾는 사람들이 모두 모여서 도시의 모습을 만들어냅니다. 이 도시에 살고 있으면서도 모르고 있었던 하나 하나를 발견하는 기쁨은 도시를 거대한 도전과 탐험으로 두근거리게 하는 정글로 느껴지게 합니다. 모두가 자신의 삶을 누리는 동안 이 도시를 더욱 가까이 경험할수록 삶의 내용이 깊고 풍부해질 것입니다.

이 곳, 도시를 무질서와 불안에 빠뜨리지 않는 한 모든 것이 가능한 경험의 무대라는 것을 가까이 할수록 삶은 더 즐거워질 것이고 그 안에서 무엇이든 할 수 있다는 기쁨은 개인의 삶을 더 도전적이고 활기차게 만들 것입니다. 건축은 바로 그 모든 것을 창조하고 조정하는 진정한 삶을 위한 작업들입니다.

청계천

청계천

서울의 건축

덕수궁의 담장 너머에 무수히 솟아 있는 현대의 빌딩 숲은 우리시대가 창조한 건축과 문화를 보여줍니다. 아이러니하게도 그 모든 것은 경복궁 근정전 앞 기단 위에서 내려다 보면 더 확연히 구분됩니다. 서울은 그 놀랍고 무거운 밀도 위에 높이 서 있습니다. 그러나 여전히 시간의 경계 밖에 놓여 있습니다. 우리가 창조한 도시는 마치 과거로부터 단절된 듯한 느낌입니다. 소풍이나 나들이로 방문하는 고궁은 결코 시간에 멈추어 있는 과거의 공간이 아닙니다.

우리가 얻고 있는 현재는 과거로부터의 시간을 얻는 것이고 보이지 않는 시간을 되짚어 얻어진 도시라는 거대한 그릇입니다. 이 안에서 더 많은 것을 얻을 수 있고 창조할 수 있습니다. 그러나 그 무엇도 시간의 끈으로부터 벗어 날 수는 없습니다. 우리가 세우고자 하는 실체는 공간적인 실체이며 존재적인 실체이고 시간이라는 차원에서도 견고한 실체이기 때문입니다. 즉 역사를 통하여 의미를 얻을 수 없는 건축은 존재할 수 없기 때문입니다.

덕수궁의 중화전에서 도심의 빌딩들을 보며

우리는 과거를 기록을 통하여 혹은 남아 있는 유물을 통하여 확인하고 기억할 수 있습니다. 역사를 안다는 것은 기록만을 이해하고 사건의 나열을 파악하는 것이 아닙니다. 현대의 역사학이 얻고자 하는 것은 바로 과거 시대의 문화의 역사입니다. 이러한 문화사의 연구는 심성사, 일상사, 역사인류학, 미시역사, 언어로의 전환 (linguistic turn) 등 다양한 언어로 부를 수 있습니다. 그것이 실제로 우리가 관심을 두는 것이며 우리가 즐거움을 느낄 수 있는 연구입니다.

한남대교를 넘어 남산으로

문화사라는 용어는 비록 합의된 개념은 아니지만 대체적으로 다음과 같은 의미를 가지고 있습니다. 즉 그것은 인간이 사회현실을 인식하고 해석하며 나아가 대응방식을 결정하는데 바탕이 되는 준거의 틀을 제공하는 것으로서 한 공동체 내의 전체 혹은 일부 구성원들이 공유한 가치나 규범, 믿음 성향 등을 대상으로 합니다. 달리 표현하면, 문화는 개인이나 집단으로 하여금 사회현실을 진위, 선악, 미추, 좋고 나쁨 등으로 의미있게 해석하도록 하고 사회적 관계들을 상호교류, 유대 혹은 단절 등으로 설정하거나 조정해 나가게 하는 범주를 제공하는 것입니다.

조선말 경복궁 향원정의 을씨년스러운 모습

향원정

향원정은 2층의 기와지붕을 한 누각입니다. 이 곳은 1873년 고종이 건청궁을 지을 때 옛 후원인 서현정 일대를 새롭게 조성하고 그 연못 가운데 인공의 섬을 만들고 정자를 지음으로써 탄생하였습니다. 향원정이라는 이름은 향기가 멀리 퍼져나간다는 뜻입니다. 또 다리는 향기에 취한다는 취향교입니다. 100년이 지난 지금은 어떠한 모습을 하고 있습니까?그리고 그 사이에 우리의 유산과 서울에 남겨진 역사의 변화를 어떻게 이해하고 있습니까? 우리는 참 많은 것을 잃었고 또 그 기억마져 잃었습니다. 그리고 지금도 그러한 무지막지한 파괴를 서슴지 않고 있습니다.

2008년 경복궁 향원정의 모습

놋그릇을 팔던 상점.

우리는 좀 더 아름답고 마음에 담겨 있고 사연이 있고 오랫 동안 지녀온 물건들에 애착을 갖습니다. 오랫 동안 가족들과 생활을 해온 정든 집, 자주 드나들고 주인어른과 친해진 그러한 상점이나 이웃집에 애정과 기억을 갖고 있습니다. 그러한 장소들은 더 의미있고 소중하고 아름다우며 오랫 동안 지켜내고 싶은 장소이고 역사가 됩니다. 그것은 건축 역시 마찬가지입니다. 그리고 우리의 아름다운 도시 서울 역시 마찬가지입니다. 이 도시 안에 더 오랫 동안 지켜온 기억과 유산을 더 많이 가질수록 서울은 더 훌륭하고 의미있는 도시가 될 수 있습니다. 그렇기 때문에 과거의 역사는 무엇보다도 소중한 것입니다.

광화문

광화문 : 일제에 의하여 1927년 옮겨지기 전 광화문의 전경

태평로. 과거의 주작대로를 이루는 현재의 광화문 사거리와 시청에 이르는 길은 한양을 가르며 남대문까지 시원하게 뚫려 있었습니다. 일제시기에 이 길을 따라서 많은 새로운 건축물들이 새로이 들어섰습니다. 그리고 조선 왕조 500년간 지켜왔던 한양의 모습은 조금씩 파괴되어 갔습니다.

광화문이 헐리고 난 직후 태평로

세종문화회관에서 경복궁 방면으로

우리가 광화문 사거리라고 부르는 곳에는 조선시대의 모습을 찾아 볼 수 없을 만큼 새로운 건물들로 들어 차 있습니다. 우리는 과거를 복원하기 보다는 새로운 도시를 창조하는데 더 많은 노력을 기울여 왔습니다.

시청에서 경복궁 방향으로

청계천

지난 세기, 일제 강점기가 있었고 온 산하를 불태웠던 한국전쟁이 있었습니다. 국토는 반으로 나뉘고 우리는 반만년간 이 반도와 만주에 이르는 하나의 민족이라는 긴 역사를 겨우 지켜낼 수 있었습니다. 그것은 일제 강점기 동안 조선이 독립국이고 우리 민족이 이 반도를 반만년 동안 지켜온 것을 알고 있었던 선조들이 살아 남았기 때문입니다.

총독부 청사 건립 이전의 광화문

자칫 그러한 어른들이 모두 나이가 들어 죽음을 맞고 한 세대가 넘어 그 기억을 다음 세대에 다 물려주지 못하도록 일제 강점기가 지속되었다면, 그리고 그 이후 세대가 우리 선조의 선조가 지켜온 이 고귀한 정신과 문화를 잃어버렸다면, 역사는 무의미하고 정신은 사라지고 없는 껍데기가 되고 말았을 것입니다.

청계천은 북악산에서 발원하여 종로구, 중구, 동대문구, 성동구를 거쳐 중랑천과 합류하여 한강으로 흘러드는 하천이었습니다. 원래 이름은 개천(開川)이었으나 일제시기에 청계천으로 바뀌었습니다.

청계천 수포교와 빨래터

2008. 광화문 사거리 횡단보도에서 경복궁 방면으로

우리는 과거의 역사 전부를 알지 못합니다. 그 역사를 온전히 본존하고 다음 세대에 올바르게 전승하는 것은 가장 큰 의무이고 우리가 살고 있는 의미이기도 합니다. 시대가 지나도 여전히 강산은 변화하지 않고 경복궁을 끌어 안고 있습니다. 광화문 너머로 보이는 북악산은 지금도 변화하지 않고 서 있습니다. 우리에게 역사는 단순한 과거의 기록이나 사건이 아니라 우리가 살아가는 것을 더 가치있게 하고 우리가 사랑하는 사람들이 더 행복하고 의미있는 삶을 얻을 수 있는 바탕이 됩니다. 그것은 개인에게는 시간을 통해 얻어진 기억이고 애착과 같은 것입니다.

2008. 청계천 복원 후의 모습

지금은 노후된 고가도로를 철거하고 복원된 지류의 물길을 따라 잠실대교 부근 자양 취수장에서 취수한 한강물과 지하철역 지하수를 정수하여 물을 흘려 보냅니다. 도심의 새로운 휴식처가 생긴 것도 사실이지만 오히려 옛 도시의 문화를 잘 되살리지 못하고 소멸시킨 것도 사실입니다.

한일 합방 초기의 남대문통
멀리 명동성당이 보입니다.

명동

명동성당은 1898년 준공되었습니다. 천주교 성당은 당시 순교자들이 피를 쏟은 그 땅의 흙으로 벽돌을 만들어 직접 벽재로 사용함으로써 더 의미있는 장소와 건물을 만들어냈습니다. 명동성당 자리는 이조판서를 역임한 윤정현의 집터로 1883년 블랑 주교가 한국인 명의로 사두었던 땅입니다.

한일 합방 후 명동의 거리

2008년 명동 입구, 명동성당을 바라보며
지금은 참으로 높고 많은 건축물들이 들어서 있습니다.

2008년 명동거리

서울은 더 많은 사람들과 문화가 생겨났습니다. 과거의 모습은 이제 새로운 현재의 모습으로 덧씌워졌습니다. 이 모습은 이 도시에서 새로운 것과 더 이익이 되는 것을 위하여 만들어진 영역이고 서울의 전 지역과 연결된 네트워크의 정점을 형성합니다.

초기 명동은 조선인들로부터 수탈한 재산으로 자신들의 상가를 만들고 왜색 짙은 거리를 만들었습니다. 그러나 당시까지 조선인들이 활동하고 왕래하던 종로에는 발을 들이지 못했습니다.

한일 합방 후 명동의 거리

남대문

숭례문의 현판은 가로가 아닌 세로로 된 것인데 그것은 화산인 관악의 불기를 억누르기 위한 것이었습니다. 숭례의 예(禮)는 오행으로는 불이고 숭(崇)은 불꽃의 형상이므로 숭례문(崇禮門)을 가로로 쓸 경우 불에 타오르는 풍수문자가 되었기 때문에 그 것을 세로로 세워 썼습니다. 현판에 있는 필체는 양녕대군의 글을 옮긴 것이라 알려져 있습니다.

2008년 명동거리

2000년대의 남대문

남대문의 원래 이름은 숭례문(崇禮門)이며 조선 태조에 의해 완성되었습니다. 최근까지 세종 29년에 새로 건축한 목조건물이 남겨져 있어 서울에 남아 있는 가장 오래된 목조건축물이었습니다.

성벽이 허물리기 전의 남대문

일제는 자신들이 편리한대로 우리의 문화를 수탈하고 파괴하였습니다. 그리고 그곳에 전혀 새로운 건축물을 세우고 우리의 역사를 묻었습니다. 그럼에도 불구하고 우리는 그 땅 위에 더 많은 것을 세우는 동안 과거의 것을 모두 잊어 버리고 있습니다. 그 전에 어떠한 모습이고 어떠한 도시였던가는 이제 관심 밖인 사람들이 너무나 많아졌습니다.

2008. 남대문 인근

성벽이 허물리기 전의 남대문

2008, 불타오르는 남대문

한양을 지키고 남쪽 불 기운을 억누르던 남대문이 2008년 2월 소실되었습니다. 어처구니 없는 사건으로 지난 600년간 서울을 지켜왔던 남대문이 사라졌습니다. 많은 사람들이 국보 1호를 잃은 것뿐만 아니라 역사를 잃어버린 것에 개탄하였습니다. 우리에게 역사는 현재를 지탱하고 미래를 개진하는 훌륭한 발판으로서 무엇보다도 중요하다는 것을 잊고 있는 듯한 모습입니다.

과거에 일제가 허물었던 광화문을 복원하기 위한 노력이 시작되었습니다. 그것은 우리 역사를 되찾는 노력입니다. 그러나 아직도 우리의 600년의 고도 서울을 더 의미 있게 하기 위한 노력은 과거의 역사를 얻기에 부족하기 짝이 없습니다.

2008년 광화문 사거리

구한말 독일식 건축양식의 한국은행건물

한국은행

조선은행은 대한제국정부 1909년 일본 황실, 한국황실 및 개인이 자본을 거출해 한국은행으로 탄생하였으나 한일합병 후 1911년 조선은행법에 따라서 존재하는 특수 은행으로 "조선은행"이라고 불리게 되면서 생겨난 것입니다. 그러한 조선은행은 2차대전 후 한국의 자산이 몰수되어 현재 한국은행과 조선중앙은행이 설립되었습니다.

창덕궁 인정전의 내부. 1830년 화재로 소실되었다가 이듬해 중건되었습니다.

2008년 구한국은행건

현재는 화폐금융박물관으로 사용되고 있습니다.

우리는 많은 근대 건축물을 보존하고 있습니다. 그리고 그러한 건축물이 역사를 대변하고 있습니다. 지난 세기 너무도 오래되고 소중한 유적과 유물을 모두 소실하였고 지금 남아 있는 것은 일제 이후 이식된 건축문화이고 건축물이 대부분입니다.

경성의 중심가 : 조선은행, 조선호텔, 경

1930년대 남산에서 내려다본 서울의 전경

과거의 흔적은 그다지 많지 않지만, 여전히 도시의 많은 부분들은 과거로부터 그 장소의 의미와 역할을 유지하고 있습니다. 점점 더 새로운 네트워크와 통로를 만들어내고 장소들을 만들어냅니다. 그 안에 우리시대에 맞는 이벤트와 문화를 창조하고 있습니다. 우정국 산하의 경성우편국, 경성체신국에서 서울체신청으로 현재는 서울 중앙우체국으로 이름을 바꾸고 새로운 건물을 신축하여 세워지게 되었습니다.

2008년 서울 중앙 우체국 주변 거리

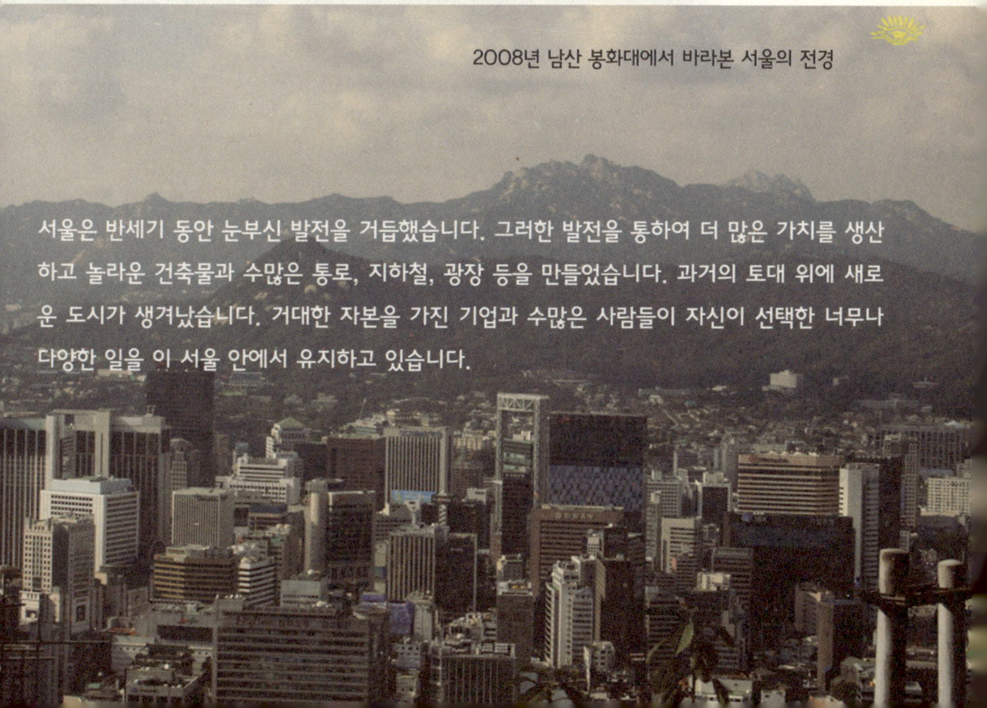

2008년 남산 봉화대에서 바라본 서울의 전경

서울은 반세기 동안 눈부신 발전을 거듭했습니다. 그러한 발전을 통하여 더 많은 가치를 생산하고 놀라운 건축물과 수많은 통로, 지하철, 광장 등을 만들었습니다. 과거의 토대 위에 새로운 도시가 생겨났습니다. 거대한 자본을 가진 기업과 수많은 사람들이 자신이 선택한 너무나 다양한 일을 이 서울 안에서 유지하고 있습니다.

남대문과 일제시기 세브란스 병원.

남대문 밖에 생겨난 칠패는 조선시대 가장 큰 난전의 하나였습니다.현재 남대문시장의 전신이며 서소문 밖에 있었습니다. 17세기 후반 남대문 안쪽에 선혜청의 창고가 설치되자 도성 밖의 외어물전, 상인지역과 연결되어 시장이 형성되었는데 이를 칠패라 불렀습니다. 18세기에는 종로의 운종가, 이현(동대문시장의 전신)과 함께 중요한 상업지역을 형성하였습니다. 마포 서강을 거쳐 들어오는 곡식이나 생선이 이 곳에 모였기 때문에 물건이 많고 특히 여러가지 생선이 유명하였습니다.

남대문통의 서양식 고전 건축물

2008. 남대문 인근.

과거의 흔적을 발견할 수 있는 현재의 통로와 장소를 얼마나 알고 있습니까 그리고

그곳에서 과거로부터 지금까지 이어져 온 그 무엇인가를 확인할 수 있습니까 ?

2008년 남대문로 2가에서 시청방향으로

서울역의 준공 당시의 모습

서울역, 종로

서울역은 일제가 중국침략의 발판으로 경의선과 경원선을 이용하기 위하여 1925년에 완성한 곳입니다. 돌과 벽돌을 혼합하여 지상 2층으로 지어진 이 건물은 중앙부에 큰 홀과 좌우의 건물을 연결하고 2층 높이의 출입구를 돌출시켜 건축 후 중앙에 구리 돔 지붕을 덮었습니다. 이 역사는 우리나라에서 가장 오래된 역사입니다.

1910년대 보신각과 종로통. 왼쪽의 YMCA.

종로는 한양의 중심에 위치한 폭 56척, 수구 2척의 넓이로 만들어진 계획도로입니다. 아침 저녁으로 성문을 열고 닫는 시간을 알리는 종루가 있었기 때문에 운종가(雲從街)라고 불려지다가 종로로 불리게 되었습니다. 현재는 종로 1가에서 6가까지 있습니다. 조선시대 세종로가 정치의 중심이라면 종로는 육의전을 비롯한 상점이 많았던 상업지역이었습니다. 상점은 동대문까지 늘어나 동대문 시장을 형성하게 되었습니다. 조선말에는 각 대문에는 도성 밖에서 들여오는 물건을 판매하고 교환하는 난전이 생겨났습니다.

2008년 번화한 서울역 인근지역

지난 세기 동안 서울역은 서울의 중심으로 역할해 왔으며 전국적인 교통의 네트워크에서 중요한 지점을 차지해 왔습니다. 지금까지 이러한 역할을 지속하고 있으며 앞으로도 이미 구조화된 통로와 결절점의 역할을 유지할 것입니다. 더욱이 최근에는 KTX의 신축역사가 들어섰습니다.

2008년 서울타워에서 종로방향으로

5. 도시의 삶과 건축의 역할

우리는 이제 거대한 도시를 누리고 살고 있습니다. 그러면서 삶의 의미는 다르게 변화하고 있습니다. 우리는 지금 과거 수천년 동안 살아왔던 것과는 다른 환경에서 살고 있습니다. 이 도시를 이해하는 것은 우리가 어떠한 건축을 하고 어떻게 누리고 있는가를 이해하는데 우선이 됩니다.

삶의 건축

건축은 개인의 삶과 모습을 변화시키고 가치있게 만들어내는 모든 것에 관계합니다. 궁극적으로 건축은 우리 시대의 문화를 대변하고 동시에 창조하고 많은 사람들에게 영향을 미치고 있습니다 건축은 무형 유형의 가치에 관계하고 실체로서 만들어지는 구조체가 작용하는 비어 있음과 가능성을 창조합니다.

우리 모두는 건축과 관계하고 있습니다. 우리의 사고에는 언제나 건축적인 본질이 관계합니다. 인간다운 삶과 그 삶을 위한 환경을 구축하는 것입니다. 그러한 건축은 인간의 철학함과 같은 더욱 본질적인 물음이 존재합니다. 그러한 물음들은 인간의 생명 그리고 존재자체와 같은 문제들이 포함됩니다. 건축철학은 건축을 통하여 이 세계를 이해하고 건축하려는 인간을 이해하는 것입니다. 그러므로 여러분 모두는 항상 건축적인 철학함을 지속합니다.

좀더 편안하고 좀더 정리되고 좀더 보기 좋은 환경을 위한 의식과 선택의 과정이 존재합니다. 건축, 인간, 창조의 문제는 새로운 세계를 추구하는 인간의 모습 전체를 얻고 이해하는 것입니다. 그리고 건축적인 세계를 연장하는 것입니다. 그러한 세계의 연장은 내가 파악하고 이해하고 나를 연장시키고 나의 존재와 삶을 견고히 하고 위치를 파악하는 일이기도 합니다.

영주 부석사

그러므로 우리가 사유를 연장하는 것은 우리가 파악 가능한 세계를 연장하는 것이고 통찰력을 통하여 나의 세계를 연장하는 것입니다. 그러한 세계를 개척하는데 있어서 도구를 사용하고 우리는 궁극적인 실체를 생산합니다. 그러한 생산 가능한 대상 가운데 건축은 가장 크고 거대한 작업입니다. 오래 전부터 집을 짓는다는 것은 자신의 삶의 터전을 가꾸고 가족을 얻는 시작이었습니다. 그러한 물리적 세계와 인식가능한 세계의 구축은 질서의 중심을 요구합니다. 그것을 무엇으로 설정하는가에 따라서 서로 다른 건축적 세계를 확인할 수 있습니다.

자신의 삶을 개척하고 유지하는 우리 모두는 누구나 자신의 건축적 의도와 성향을 지니고 있습니다. 그러한 까닭에 건축한다는 것은 나름의 사고와 철학을 발전시키게 됩니다. 그것이 그 사람이 요구하고 좋아하고 편안해 하고 행복하고 즐거운 건축이기 때문입니다. 아주 근사하고 절대적으로 훌륭한 건축의 규범이 존재했던 시기는 이미 사라졌습니다. 이 세계의 주인이 개개인이 되었으므로 여러분 모두가 자신의 건축적 세계를 가질 수 있습니다. 그러한 다양성과 풍부함은 건축의 더 큰 가치가 되고 있습니다.

건축은 세계를 이해하는 근본적인 토대를 제공합니다. 건축을 한다는 것은 건축을 철학하고 사고하고 사랑하고 질문하고 진실을 찾아내는 것과 다르지 않습니다. 건축의 문제들은 인간의 존재와 인간다운 삶, 윤리, 가치, 자긍심, 만족, 행복과 같은 것과 떼어놓을 수 없습니다. 그 전체를 통하여 훌륭한 건축을 찾아낼 수 있습니다.

문제는 건축을 그러한 가치에 올려 놓을 수 있는 사회적 의식입니다. 종종 우리는 매우 슬픈 현실에 직면합니다. 자신이 꾸미고 즐기고 싶은 환경에 이르지 못할 만큼 경제적으로 혹은 다른 이유로 거리감을 느끼거나 소원한 대상이라 여기는 것입니다. 분명 우리 모두는 서로 다른 상황에 처해 있습니다. 누군가는 더 좋은 집에 더 훌륭한 가구와 장치들을 설치하고 훌륭한 공간을 누리고 살 것입니다. 그러나 그 어떠한 공간도 그러한 물질적인 혹은 물리적인 여유만으로 훌륭해질 수는 없습니다. 공간은 그것을 사용하고 누리는 사람의 몫이기 때문입니다. 그렇기 때문에 사람마다 좋아하는 건축물과 공간은 다르고 그 만족과 행복도 모두 다릅니다.

Daniel Libeskind. Extension to the Denver Art Museum. 2006

그렇게 누리는 공간들은 반드시 물리적 한계와 실체를 지니는 것은 아닙니다. 우리는 특별한 공간, 내가 좋아하는 공간, 나만의 장소, 아늑한 공간을 심리적으로 구축합니다. 훌륭한 건축물과 으리으리한 인테리어가 좋은 감정과 행복을 전해주는 것이 아닙니다. 이 세계는 우리가 구축한 건축물이 제공하는 비어 있는 공간의 가능성에서 시작됩니다. 우리는 비어 있는 공간에서 이야기하고 누군가를 만나고 웃고 떠들고 행동하고 필요한 일을 합니다. 건축이 제공할 수 있는 것은 바로 비어 있는 공간을 적절히 조절하기 위한 장치들입니다. 우리가 유지하는 삶도 바로 그러한 비어 있는 공간과 장소에서 이루어집니다.

우리는 매일 매일 자신의 행위와 사고를 지속할 수 있는 공간을 차지합니다. 그것은 침대일수도 있고 사무실 책상일 수도 있습니다. 자동차에 앉아있을 수도 있고 화장실에 있을 수도 있습니다. 그러한 비어 있는 곳은 모두가 정지된 곳이 아니라 어떠한 시간 속에서 변화하는 행위를 요구합니다. 그리고 그러한 행위들은 특정한 공간 내에서 어느 정도의 흐름이 존재합니다.

그것은 나의 움직임일 수도 있고 수도꼭지에서 흐르는 물일 수도 있고 창을 타넘어 들어오는 바람일 수도 있습니다. 우루루 달려가는 지하철 역사의 사람들일 수도 있습니다. 그리고 화장실에 들어가면 십여 분이면 나오게 됩니다. 그러나 식당에 간다면 한시간을 족히 소모합니다. 그 흐름은 크기도 다르며 속도 역시 모두 다릅니다. 우리는 무언가 일어나는 사건들의 흐름과 그 흐름의 내용에 따라서 다른 공간들이 생겨납니다.

마구 흐르는 자동차, 유유히 흐르는 사람들의 물결, 그리고 멈춰 있는 커피전문점의 테이블에 앉은 사람들, 느리지만 천천히 오르는 에스컬레이터, 고속으로 오르내리는 엘리베이터, 뛰어가는 사람들, 자전거, 앉아서 자리를 지키는 회사원, 정신 없이 물건을 정리하고 나르는 사람들, 쉴 새 없이 팔을 놀리는 음식점 주방장의 팔, 그 모든 것이 하나의 흐름이고 속도입니다. 그리고 그 흐름과 속도가 가능하게 하는 공간을 창조하는 것이 바로 건축이기도 합니다. 그렇게 보자면 우리는 매일 매일 서로 다른 시간의 관념과 크기에 따라 행동하고 생활합니다.

시간

밤과 낮에 따라 구분된 명확한 행동들이 있습니다. 우리는 대부분이 낮에 활동하고 밤에 휴식을 취합니다. 그리고 밤에는 자신의 주거로 돌아옵니다. 그러한 커다란 개념의 시간 구분이 존재합니다. 또 세 끼니의 식사에 구분되는 오전, 오후, 저녁의 구분이 있습니다. 일하는 사람, 학교를 다니는 학생, 자신의 가게를 운영하는 사람, 공무원, 버스기사, 노점상인, 선생님, 청소부, 샐러리맨, 외판원, 주방장 ..... 이루 셀 수 없는 많은 사람들이 자신의 시간을 구분합니다. 어떤 이들은 하루를 넘어서 하루 반, 누군가는 일주일, 열흘, 혹은 한달의 시간간격에 따라 생활합니다.

다른 사람들은 몇 시간마다, 혹은 오전 오후의 구분을 가지고 있습니다. 그것은 그가 무엇을 하는가에 따라 다르게 설정된 시간의 개념입니다.

그리고 매 시간마다 10분의 휴식을 하는 학생들도 있습니다. 누군가는 매 10분마다 다른 상황에 처신하는 사람도 있을 것이며 매 분마다 다른 여건에 일을 하는 사람도 있을 것입니다. 우리는 시간에 지배를 받고 그 때문에 개인의 삶은 모든 사회와 문화가 만들어내는 과정들의 속도에 영향을 받습니다. 문화는 적절한 공간과 그 내용의 시간을 지니고 있습니다.

청계천

중요한 것은 그러한 차이가 삶의 방식을 바꾸게 되고 우리가 살고 있는 환경을 바꾸어 놓는 것입니다. 개인의 삶의 패턴이 자신이 살고 있는 환경을 적절하게 변화시킵니다. 그리고 그러한 환경을 가장 적절히 구축하고자 하는 것이 바로 건축가의 의도입니다. 건축가는 특정한 업무와 공간의 가능성을 가장 효율적이면서도 만족스럽게 이루어질 수 있는 환경을 구축하고자 합니다. 그렇기 때문에 어떠한 공간 내에서 이루어지는 적절한 행위에 필요한 공간을 가늠하고 그 행위의 반복과 내용 그리고 속도를 수용할 수 있는 계획을 수립합니다. 그것이 바로 시간의 단위를 형성합니다.

대부분의 경우 이미 정해진 시간의 단위가 존재합니다. 우리는 취침시각, 기상시각, 식사시각, 출근시간, 퇴근시각 등이 대부분 정해져 있습니다. 우리가 살고 있는 삶은 그러한 정해진 시간과 공간의 통제 하에 놓여 있습니다. 그리고 그것을 물리적 실체로 구축하여 명확한 통제의 틀을 제공하는 것은 사실 건축가입니다. 우리가 부여하는 것은 그러한 가능성이지만 실제로 구축되는 순간 대부분이 강력한 통제력을 가집니다. 건축가가 제시한 공간의 크기와 소통의 방식과 정도의 량을 결정하고 물리적으로 구축하는 일은 강력한 힘을 행사하는 것과 마찬가지입니다. 어떻게 보면 건축가는 개인이 자신의 삶을 건축하는 것을 지나치게 간섭하는지도 모릅니다.

인사동 쌈지길

끊임없이 움직이고 그 안에서 무엇인가를 만들고자 하는 사람들이 가지고 있는 시간과 공간의 경계들은 더욱 밀도가 높아지고 빨라지고 있습니다. 언제부터 이러한 과밀과 과속이 더 나은 것을 생산하고 유리한 것이 되었을까요

흥국생명 빌딩 조형물

매우 반듯하게 세워진 높은 오피스 건물의 출입구를 따라 때로 수천명의 회사원들이 줄줄이 빨려 들어갑니다. 그리고 홀을 지나서 마치 통조림 같은 엘리베이터에 한명 한명 줄지어 올라타고는 자신이 원하는 어느 층에 내려 우르르 흩어집니다. 매일 매일 반복되는 그러한 상황은 건축물이 생겨나면서 필연적으로 발생한 통제력의 결과입니다. 누구도 자신이 원하는 시간에 아무 출입구나 맘대로 왕래하고 엘리베이터를 기다리지 않고 오를 수는 없습니다. 이미 이 세계를 구축하는 순간 거의 모든 것의 공간과 시간의 흐름과 속도는 조절되기 시작합니다. 물론 그 전부가 완전히 가능성이 없는 닫힌 환경을 창조하는 것은 아닙니다.

우리가 창조하는 최소한의 형태와 구조물은 그 존재로 인하여 상호작용하고 영향을 미치게 된다는 것입니다. 그 영향에 의하여 의도된 결과를 생산할 수도 있고 개선되거나 파괴될 수도 있습니다. 우리는 누군가에 의하여 계획된 대지 위의 통로를 통하여 걷게 되고 놓여진 벤치에 앉게 되고 정류장에서 버스를 타고 정해진 곳에서 정해진 일을 합니다.

선유도 공원 벤치

선유도 공원

그것은 사회와 문화가 정해 놓은 규정들입니다. 우리는 그러한 상호작용에서 벗어날 수 없습니다. 그러한 한계에서 자유가 존재합니다.

우리는 알게 모르게 그러한 것을 교육받고 대학을 가기 전까지 거의 대부분의 사람들이 무려 12년이나 교육을 받습니다. 그리고 대학에서 4년 그리고 대학원에 간다면 또 2년이나 더 받게 되고 만약 박사과정이라도 한다면 거기에 5년은 더 추가될 것입니다. 20년이 넘도록 무언가를 배우고 연구하는 동안 대단한 노력을 계속합니다. 그러나 무엇인가 배운다는 것은 실제로 나 자신을 위한 삶을 찾는 일이고 스스로 만드는 일입니다. 이 세계에서 무언가 보물처럼 찾을 수 있는 것은 거의 없다고 할 것입니다. 모두 우리가 깨닫고 창조하고 지켜내고 생산합니다.

이 세계를 이해하고 살아가는 방식은 사람마다 다릅니다. 100 m 달리기를 하는 사람마다 심장의 박동, 호흡, 속도, 근육의 힘, 감각까지 어느 것도 다릅니다. 우리는 모두가 자신만의 삶을 살게 되어 있고 그렇게 되어야만 자신을 더욱 자신답게 만들어줍니다. 그럼에도 불구하고 지나치게 많은 외부세계의 획일적이고 무감각한 통제와 규율 그리고 다양한 요구에 노출되어 있으며 그러한 요소들에 의하여 제한 받습니다. 결국 나만의 시간과 공간을 잃게 되는 순간, 우리는 근본적인 "나"를 잃어버리게됩니다.

우리시대의 생산은 무엇을 의미하고 또 어떠한 결과를 가져왔습니까

SANAA. Naoshima Ferrry Terminal. 2005.

그렇게 해서 내가 아닌 나를 둘러싼 제한들에 의하여 이 세계가 내게 이름 붙여준 다양한 관계들은 직장, 직위, 출신학교, 고향, 거주지, 학력, 직업 등입니다. 이것이 우리를 감싸고 가치있다고 믿게 만들어 줍니다. 실제로 사회적인 나를 규정하는 것은 바로 이러한 관계들입니다. 그러나 그것은 근본적인 나는 아닙니다. 우리가 알고 있는 가치는 나와 내 자신의 대화로부터 생산되고 얻어지는 것입니다.

매일 아침의 기상, 세면, 샤워, 식사, 출근길, 서류, 우편물, 넘치는 이메일, 소화하기 힘든 정체불명의 뉴스, 정보들, 질문, 잡지, 화려한 영상, 한 나절이 모자랄 만큼 수많은 약속, 수백장의 명함, 핸드폰으로 쏟아지는 전화들, 그 안에 넘쳐나는 전화번호 . . . 그리고 점점 더 빨라지기만 하는 교통수단, 어디든 소통되는 통신수단, 인터넷, 핸드폰, 모든 것이 과거와는 다른 세계로 빠르게 변화하고 있습니다.

지금부터 오래 전, 달리는 자동차와 핸드폰이 없었다면, 항상 걸어 다니고 혹은 말을 타거나 하더라도 주변과 소통하고 말을 내려 꽃을 구경하고 사람들과 이야기하고 물건을 사거나 식사를 할 수도 있으며 잠시 머물러 노래를 할 수도 있습니다. 그리고 그 길은 누군가가 지나면서 만들어 놓은 길이기도 하지만 스스로 새로운 길을 만들어낼수도 있을 것입니다.

그 길은 한걸음 한걸음 연속된 장면과 경험의 연장이고 우리의 감각과 경험 그리고 육체가 주변과 소통하고 가늠할 수 있는 속도의 세계였습니다. 그때에는 나 자신이 움직이고 어딘가 간다는 것은 바로 내가 얻고 이해하고 소통하고 파악하고 담을 수 있는 세계의 한계를 만들어냈습니다. 우리는 그러한 세계를 가질 수 없을 뿐더러 어떠한 장소도 내 것으로 만들 수 없는 한계에 놓여 있습니다. 그것은 이 세계가 만들어낸 통로와 속도 그리고 교통과 통신의 거대한 그림자입니다.

우리는 멈출 수 없는 시간과 공간을 가지게 되었습니다. 연속된 길은 모두가 경험이고 연쇄이고 흐름이고 통제이고 모든 사람들에게 삶의 배경이 됩니다. 그리고 우리가 알고 있는 세계를 구성합니다. 그러므로 우리가 가늠할 수 없는 경험과 속도는 우리가 가늠할 수 없는 세계를 만들어냈습니다. 또 우리는 자신의 시간과 공간에 대한 더 큰 염원을 안게 되었습니다.

주인공

오늘날 이토록 빠르고 놀라운 세계는 시선을 둘 데 없이 빠르게 지나갑니다. 우리에게 경험은 삶을 만들기 보다는 감각을 요구하게 되었습니다. 지하철의 경우는 마치 타임머신처럼 거의 모든 공간을 뛰어 넘어 단지 출발과 목적지만이 존재합니다. 그것은 분명 비연속적인 디지털 정보이고 어떠한 의미에서 끊임없는 단절의 연속을 통하여 지속되는 시간을 기호화합니다. 이러한 확대는 거의 모든 부분에서 우리 삶을 장악하고 있습니다. 도시의 길은 오로지 지나쳐가는 흐름의 속도가 무엇보다도 중시됩니다. 그곳에는 어떠한 행위와 머무름, 휴식과 바라본다는 것은 고려되지 않습니다. 그러므로 우리가 이 도시에서 살아간다는 것은 그 과정의 의미들을 잃어간다는 것입니다. 단지 우리에게 요구되는 것은 시작과 결과일 뿐처럼 여겨집니다.

SANAA. Toledo Museum of Art Glass Pavilion. 2006.

강남대로

그러나 건축, 즉 건축한다는 것과 건축물, 건물디자인과 건축공사, 건축환경에서 살아간다는 것 모두는 그 과정을 통해서만 의미를 얻습니다. 우리는 그 과정을 통하여 더 큰 세계에 닿을 수 있고 더 나은 삶을 유지할 수 있습니다. 그렇게 보자면 건축은 우리가 살아가는 과정 전체가 이룩할 수 있는 거대한 과정입니다. 알다시피 여러분은 모두 건축을 하고 있습니다. 태초에 몸을 추위로부터 보호하고 배고픔을 달래기 위하여 먹을 것을 찾고 자신의 안전을 위하여 편안한 은신처를 찾아 나선 때부터 지금까지 우리가 매일 생산하고 바꾸어내고 있는 것은 바로 건축입니다. 매일 지나치는 길을 따라 어느 곳에도 건축이 아닌 곳은 거의 찾아볼 수 없을 지경입니다. 이 도시는 여러분의 건축적인 삶을 통하여 이룩된 거대한 창조의 세계입니다.

우리 세계를 가득 메운 건축물은 그렇게 해서 생겨났고 우리의 삶도 이렇게 해서 생겨났습니다. 우리는 항상 그 안에서 몸으로 감각으로 이성으로 판단하고 경험해 왔습니다. 그리고 그 안에 결코 버릴 수 없는 마음과 기억이 존재합니다. 그 안에 사랑하는 삶의 기억과 사랑하는 사람과 소중한 장소와 우리 자신이 있습니다. 우리가 창조한 근사한 건축물과 구조물들은 이 세계를 근사하게 만들 수 없습니다. 그것을 근사하게 보고 느끼고 경험하는 우리 자신이 세계를 근사하게 만드는 것입니다. 이토록 근사한 건축물을 창조한 것도 여러분이고 그렇게 믿고 있는 것도 바로 여러분 자신입니다. 우리시대의 건축은 바로 개개인이 느끼고 창조하고자 하는 바대로 이루어집니다.

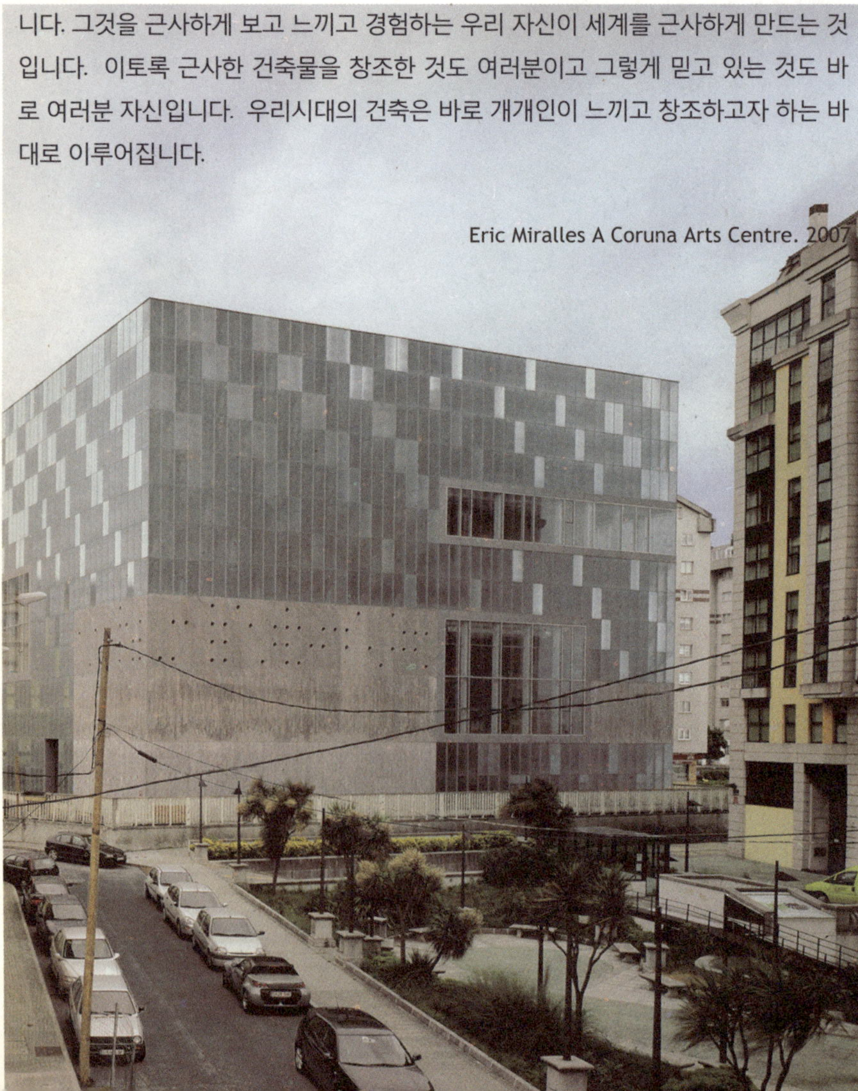

Eric Miralles A Coruna Arts Centre. 2007

MGM. Apartment Building in Ceuta.2007.

이 세계를 아름답게 꾸미고자 하는 의도와 노력들은 더 훌륭하고 잘 조직된 건축물을 창조하도록 만들었습니다. 우리가 매일 매일 생활하면서 경험하고 창조하는 세계는 단순히 편안하고 튼튼한 것만으로 만족되어지지 않습니다. 우리는 더 아름답고 창조적이고 신기하고 기쁨에 넘치는 건축을 하고자 합니다. 건축은 그러므로 자연스럽게 우리의 삶이고 생활이면서 또한 예술입니다. 우리는 더 훌륭한 기술을 발휘하여 빛나는 예술품을 창조하고 싶어 합니다. 그것은 그것을 통하여 우리 삶이 더 가치있고 풍부하고 훌륭해지기를 바라는 것입니다. 예술은 대단한 작업과 노력의 결과이기 보다는 우리 삶으로부터 시작된 더 나은 표현과 경험 그리고 창조의지의 결과입니다. 예술은 사실상 그러한 표현의 기예들로부터 시작된 것입니다.

도곡동 타워 팰리스

건축예술

그러므로 최초의 예술은 바로 삶의 방식이고 그 방식 가운데 더 익숙하고 숙련된 방식들로부터 시작되었습니다. 예술(Art)이라는 표현은 라틴어 아르스(Ars)에서 기원하며 이것은 그리스어 테크네(Techne)를 번역한 것입니다. 이 어휘의 의미는 오늘날의 예술이 가진 의미가 아닙니다.

그리스 시대의 테크네는 르네상스시대까지의 아르스의 개념과 비슷한데 이는 기술(skill)을 의미하는 것이었습니다. 그리고 예술(藝術)에서 보는 바와 같이 재주, 기예와 관련이 있는 것이었습니다. 그렇게 보자면 거의 모든 기술이 예술이었습니다. 집을 만드는 것은 물론, 그릇, 의복, 항아리, 도끼, 음식 등을 만드는 것 모두가 예술이었습니다. 실제 그것은 숙련되고 뛰어난 기술이었습니다. 예술은 그렇게 우리 삶을 한단계 높일 수 있는 훌륭한 기술이었습니다.

고대의 경우 예술은 반드시 규칙이 필요했습니다. 이들은 영감이나 상상력만으로는 예술을 인정할 수 없었습니다. 스콜라 철학자들이나 고대인들에게 그리고 플라톤에게 비이성적인 작업은 예술이 될 수 없었습니다. 그러한 예술의 개념은 오늘날의 거의 모든 예술과 수공업 기술까지 모두 포함하는 것이었습니다. 그들은 결코 순수예술과 수공업 기술을 구분한 적이 없습니다. 그들은 대신에 어떠한 작업이 정신적인 노력만을 요구하는 것인지 아니면 신체적 노력까지 동반하는가에 따라 예술을 구분하였습니다. 그들은 정신적인 것을 인문학적 예술이라 했습니다. 그리고 신체적인 것을 장인적인 예술이라 했습니다.

어찌 되었건 인문학적 예술이 더 우월한 것으로 받아들여졌고 그 가운데는 문법, 수사학, 논리학, 산수, 기하학, 천문학, 음악이 속해 있었습니다. 이것은 사실 예술이 아닌 학문이었습니다. 근대에 와서야 미적 예술이 수공예 기술 이상으로 한단계 성장했습니다. 그것은 예술작품이 더 큰 가치를 인정받고 투자대상이 될 수 있었기 때문이었습니다. 그들은 예술가이고 기술자와 구분이 되고자 노력했습니다. 그들이 더욱 성장시킨 것은 뮤즈의 예술(musical arts), 기념하는 예술(memorial arts), 회화적 예술(pictorial arts), 시적 예술(poetic arts), 미적 예술(fine arts) 등이었고 이후 더욱 세분화되었습니다.

건축은 그 모든 예술을 담고 있고 가능하게 하는 배경이었습니다. 건축은 예술의 그릇이고 담지자였습니다. 오늘날 우리 문화는 이성과 감성 그리고 인간의 무의식을 삶의 무대에 펼치도록 옮겨 놓았습니다. 그러자 예술은 거의 모든 표현의 가능성을 얻었습니다. 이제 개개인은 그 어떤 사회의 규제와 한계를 넘어서 표현할 수 있고 그러한 자신의 표현은 무엇보다도 중요한 것으로 인정받을 수 있게 되었습니다.

Pablo Ruiz Picasso, Guernica. 1937.

Gustav Klimt. Hope II. 1908.

Piet Mondrian. Composition. 1933.

Joan Miro. The beautiful Bird Revealing the Unknown to a pair of Lovers. 1941.

Marc Chagall. I and the Village. 1911.

Vincent vanGogh.
The Starry Night. 1889.

Le Corbusier. Villa Savoye. 1931.

건축은 그러한 예술과 영향을 주고 받았습니다. 건축은 더욱 감각적이고 자유로운 형태의 시도를 수용하였습니다. 전통적인 건축물은 구시대의 유산인 듯이 치부되고 새로운 시도만이 가치있는 것으로 받아들여졌습니다. 1900년대의 서양의 건축은 그렇게 해서 시작되었습니다.

Mies van Der Rohe. Farnsworth House. 1951.

건축은 예술이자 시대의 정신을 반영하는 것이 되었습니다. 이 시대의 문화와 사회를 반영하는 건축이 이전시대와 대립하듯 생겨났습니다. 새로운 시대의 기술과 생활방식은 새로운 건축을 요구하였습니다.

Gerrit Rietveld. Schroder House. 1924.

Richard Meier. Smith House. 1967.

우리는 더 아름답고 아기자기하고 즐거운 물건들을 수집하고 그것에 행복을 느낍니다. 어떤 경우 매우 값비싸고 근사한 작품을 구입하기도 하고 혹은 오래된 소품들을 얻기도 합니다. 우리 주변에서 보다 즐겁고 훌륭한 경험을 선사하는 수많은 대상들을 발견할 수 있습니다. 우리가 생활하는 공간을 꾸미기 위하여 소품을 구입하고 그것을 정리하는 것도 건축입니다. 그리고 그러한 소품들을 거리에서 백화점에서 전문상점에서 구입할 수도 있습니다.

매우 거칠고 우락부락한 아저씨가 망치나 거대한 햄머 그리고 톱으로 삽으로 일을 하는 것만을 건축으로 여길지도 모르겠습니다. 그러나 작은 소품을 구입하고 커튼이나 가구, 장식품, 생활용품을 구입하여 자신의 공간을 정리하고 꾸미는 것도 건축입니다. 주말마다 들러 식료품과 일용품을 사는 마트에서 무엇인가 집에 들여 놓을 것을 구입하는 것도 건축하는 것입니다. 이들은 좀 더 관심을 두고 세심하게 하나 하나 계획을 준비하여 구입하고 꾸미는 한편 어떤 이들은 기분에 드는 물건을 단번에 구입하기도 합니다. 나와 나의 공간을 꾸미는 어떠한 것도 것이며 개인의 주변 환경에 어떠한 의도를 가지고 변화시키려는 노력도 건축입니다.

인사동

건축 안에는 이처럼 소소한 것들로부터 시작해서 엄청나게 커다란 돌을 깍아 조각을 만들어 세우는 일도 포함되고 커다란 대문을 만들어 세우는 일, 벽돌이나 블록을 쌓아 올리는 일, 커다란 창과 유리를 바꾸어 다는 일, 지붕의 기와를 새로 올리는 일도 모두 포함합니다. 건축은 이처럼 어마어마한 일로부터 아주 작은 일까지 모두 포함합니다. 그리고 우리가 살아가는 동안 겪게 되는 모든 일과 경험이 바로 건축입니다. 인간이 태초에 자신의 은신처를 마련하고 자신이 활동하는 공간에 관심을 갖는 그 순간부터 건축은 시작되었고 앞으로도 계속될 것입니다.

이름없는 건축가

우리는 모두 건축가입니다. 다만 이름이 없고 아무런 자격도 없고 어떠한 배움과 적절한 과정도 없이 우리가 원하는대로 즐거운대로 행복한대로 살아가면서 건축하는 건축가입니다. 지금으로부터 50년만 해도 거의 모든 건축물은 개인이 자신과 자신의 삶, 가족과 사랑하는 사람들을 위하여 스스로 건축한 것입니다. 우리가 역사적으로 보존하는 대부분의 건축물은 그렇게 이름 없는 건축물이지만 그 어떤 것도 무시할 만한 것은 없습니다.

오래된 초가집 지붕도, 뒷 산, 이름 모를 집터의 사립문도, 강변 오래된 나루터 판자들도, 농장의 입구, 오두막, 정자, 징검다리, 헛간, 외양간, 너와집까지도 모두 이름없는 건축가의 위대한 걸작입니다. 왜 그러한 건축이 훌륭하고 중요한 것입니까 ? 그것은 직접 가장 필요한 요구에 따라서 스스로 자신의 삶과 내용에 따라서 만들어 놓은 것이기 때문입니다. 그것이 오랫 동안 가꾸어지고 시간을 통해서 남아있기 때문입니다. 그것은 또 그 지역이나 사람들에게 가장 적합하고 효율적인 형태이고 재료이고 기술이고 역량임을 여실히 보여줍니다. 그들 건축은 시간을 통하여 그러한 노력과 훌륭한 집약체로 자연을 잘 겪어 왔습니다. 그리고 무엇보다도 바로 우리 자신의 노력으로 만들어 놓은 훌륭한 예술작품이기 때문입니다. 그 안에 진정한 건축의 의미가 존재하기 때문입니다.

선유도 공원

건축은 분명 훌륭하고 아름다운 건축물을 디자인하는 것입니다. 매력적이고 잘 계획되고 훌륭하게 지어질 건축물을 디자인하는 것입니다. 그리고 사회에 적절한 의미를 지니는 건축물들만이 인정받고 가치를 얻습니다. 조금만 관심있게 생각해 본다면 사회의 필요와 기대와 관계를 갖고 있지 않은 건축물의 형태는 어떠한 근거로 가질 수 없다는 것을 알 수 있습니다. 그러므로 과거로부터 어떠한 의미를 얻고 현재에 역할을 하는 건축물만이 훌륭한 것으로 인정받습니다. 무모하게 크거나 무모하게 강압적인 건물, 주변보다 너무나 다른 건물, 다른 건물보다 유난히 다른 건물, 전혀 지역에 맞지 않는 상점들은 좋은 역할을 할 수 없습니다.

건축은 기본적으로 사람들에 대하여 고려해야만 합니다. 건축물 그것을 사용하는 사람들에게 편리하고 유용하고 요구에 만족해야만 한다는 기본적인 전제가 존재합니다. 그리고 건축물은 그 장소와 통로에 적절해야만 합니다. 모든 건축물은 반드시 사람들, 장소, 통로에 만족스러운 건축물로 디자인 되어야만 합니다. 이 세가지 요소는 가장 기본적인 것입니다.

양산 통도사

건축의 요구들

건축물을 사용하는 사람들은 매우 다수이고 다양한 계층과 연령을 지닙니다. 이들 모두를 고려하여야만 합니다. 건축은 사회의 종교, 지도력, 정치적 구조, 제도, 가치, 예술형식, 생산물, 가족 유형 등의 모든 사회적 사고의 증거가 될 뿐만 아니라 조정을 통하여 사회의 문화를 반영합니다.

건축물은 그러므로 그 건축물이 세워지는 장소가 속한 사회문화적인 여건에 상호작용할 수 있어야만 합니다. 즉 주변의 컨텍스트에 적절한 관계를 지니게 됩니다. 기후, 전망, 식생, 지형학, 지질과 같은 물리적 상황 뿐만 아니라 다양한 문화, 경제적 여건, 사회적 배경, 인문학적 역사에 이르기까지 모두 의미를 얻을 수 있는 건축물이어야 합니다. 그러한 장소에 대한 고려가 없다면 무모하고 졸렬한 건축물만을 생산할 뿐입니다.

그러한 장소에 커다란 영향을 주는 것 중 하나는 통로입니다. 통로는 건축에 있어서 가장 중요시되어 왔습니다. 그것은 접근에 의한 것 뿐 아니라 통로가 만들어내는 다양한 가능성과 네트워크가 장소를 결정하고 도시와 지역을 결정합니다. 통로는 경계이고 흐름이고 이미 알고 있듯이 지역을 생명력있게 하는 근거입니다. 장소와 장소의 상호작용, 사람과 사람의 흐름과 만남이 모두 통로를 근거로 시작됩니다. 우리가 기억하고 움직이는 모든 곳이 바로 통로로부터 시작됩니다. 보행자 통로, 자동차 도로, 다리 , 한강, 지하철, 자전거 도로 ……

건축물은 그 디자인과 여건 그리고 목적도 중요하지만 그러한 건축물을 세울 수 있는 자본 역시 필요합니다. 건축물을 세우기 위하여 필요한 모든 것의 대가를 치루어야 할 만큼의 금전적인 능력이 필요합니다. 건축물은 그 어떠한 물건보다도 값비싼 것에는 틀림이 없습니다. 따라서 건축물의 생산은 커다란 부가가치를 생산할 수 있게 하고 건축물을 소유하는 것은 부를 축적할 수단이 되기도 합니다. 우리시대 부동산은 종종 투기와 부의 축적의 수단이 되어 왔습니다. 안타깝지만 건축은 예로부터 가장 거대한 부와 권력의 상징이었습니다. 그리고 그것은 앞으로도 변할 수 없는 사실입니다. 그러나 건축 본래의 역할과 본질을 수행할 수 없다면 우리시대의 문화는 생각보다도 더 허술하고 쉽게 무너질 것입니다.

SK 타워

또 건축을 가능하게 하는 것은 다양한 고려와 여건 그리고 자본 뿐만 아니라 건축물의 디자인을 실현시킬 수 있는 건축기술이 필요합니다. 건축물은 중력에 저항하고 대지 위에 수십년 혹은 수백년 동안 안전하게 서 있을 수 있어야 하고 디자인의 개념을 구체화 할 수 있는 실질적인 능력을 요구합니다. 새로운 형태와 새로운 공간, 새로운 디자인을 실현하는데 있어서 구체화하고 해석할 수 있는 다양한 구조적 평가와 계획, 수많은 재료들을 건축적으로 사용할 수 있는 생산 시스템과 모듈화의 문제들이 있습니다. 아름답고 놀라운 디자인은 실현될 수 있어야만 합니다.

건축은 그 건축물을 사용하는 사람들과 대화합니다. 건축은 무엇인가를 제안하고 필요한 응답을 만들고 현대의 새로운 조류를 만들어냅니다. 건축물은 기능적인 역할 뿐만 아니라 사람들이 인식 가능한 의미를 만들어냅니다. 그것은 특별한 제시와 통제의 역할 뿐만 아니라 건축물이 감정적으로 혹은 감각이나 이미지를 통하여 소통할 수 있게 합니다. 그러므로 건축물은 커뮤니케이션에 직접적으로 참여하며 상호작용합니다. 그렇기 때문에 도시의 건축물이 생기를 얻고 도시를 더욱 활기차게 해 줍니다. 또 도시의 건축물은 모든 사람에게 특별한 의미를 전해주고 느끼게 해 줍니다.

건축이 표현하는 특정한 기능, 혹은 부의 표현, 강력한 권위와 사회의식을 대변합니다. 건축물은 필연적으로 그 건축물이 존재하는 시대의 모든 여건들을 반영하고 그러한 역량을 통하여 생산됩니다. 그리고 지속적으로 사회와 반응하고 이 사회가 필요로 하는 건축물을 창조합니다. 디자이너는 사회를 분석하고 건축물이 가장 효과적이고 의미있는 건축물이 될 수 있는가에 골몰합니다. 그리고 디자이너 역시 한 사회의 주체이고 자신이 속한 사회 내에서 건축물을 디자인합니다. 건축물은 그러므로 특정한 사회의 시대정신의 산물입니다.

남산 타워

실제로 사회는 자신의 사회가 갖는 제도적인 한계와 요구사항을 강제적으로 부과하기도 합니다. 우리는 정치적인 시스템과 정부의 관리시스템 아래에서 건축해야 합니다. 다양한 요구와 정부의 시책, 국가의 지향점은 건축에 가장 중요한 경계를 설정합니다. 그리고 그러한 시대적인 이슈와 요구시항은 다양한 법률적인 제약을 탄생시킵니다. 그것은 특정한 목적을 실현시키고 일어나지 않아야 할 사건을 배제하는 강력한 통제의 수단입니다. 그렇게 해서 다양한 사회가 문제시하는 여러 가지 문제들, 부의 재분배, 위생, 안전, 에너지 사용, 보존, 지속성 등을 포함한 많은 우선적 선택을 반영합니다. 이 도시의 모습들, 도로, 보행자도로, 가로등, 가로수, 버스전용차선, 높이 솟은 빌딩, 가지런한 입면들, 부드러운 스카이라인, 용적률, 건폐율, 지역, 지구 등은 모두 우리시대가 요구하는 통제이고 선택입니다. 우리가 건축물에서 보는 것은 기존의 질서가 창조하고 다양한 사회적 규제 이외에도 예술 형태로서의 개념, 건축적인 선례, 수학적인 개념, 연관관계, 일련의 연속들, 진보 등의 개념들입니다.

이것은 단순한 개념이 아니라 개개인이 파악하는 세계의 상이고 의도하는 바이기도 합니다. 건축물이 어떠한 개별성과 자유를 얻을 수 있는 것은 바로 이러한 근거로부터입니다. 업무와 관리, 발상, 데이터, 종교, 상징, 규범, 금지, 공간, 구조, 에너지 등 거의 모든 것이 건축디자인의 개념이 될 수 있습니다.

의미들

지금까지 여러분은 가장 훌륭한 건축적인 창조와 가치에 대하여 이야기했습니다. 우리가 보고 생활하는 거의 모든 건축적인 삶은 생활 속에서 자연스럽게 이루어집니다. 그렇게 보면 이제는 건축에 대한 다양한 의미들이 존재한다는 것을 알았을 것입니다. 건축, ARCHITECTURE라는 단어에는 다양한 단상과 의미들이 누적되어 있음을 알 수 있습니다. 이 단어에는 구체적인 실체들, 현상, 경험, 의미, 노력, 개념, 아름다움 등이 함께 들어 있습니다. 또 이 단어 내에는 또 다른 작은 요소들이 포함되어 있습니다. 방, 정원, 계단, 지붕, 창 등의 내적 요소와 그 이상의 외적 요소입니다. 산, 호수, 숲, 잔디, 나무, 새, 돌, 물 등을 포함합니다. 그리고 가족, 성인, 노인, 어린이, 부부, 애완동물 등도 포함합니다. 또 예술로 쓰이기도 하는데 공예, 조각, 회화, 사진 등이 포함됩니다. 실로 건축이라는 단어에는 너무나 다양하고 큰 의미가 존재합니다. 건축이 대변하는 실체는 감각을 통하여 경험되어집니다. 그것들은 즉 만질 수 있고, 볼 수 있고, 들을 수 있고, 어떻게든 감각됩니다. 그러나 추상화된 것은 감각될 수 없습니다.

이러한 어휘의 실체를 뜻하는 어휘로서의 의미는 시간과 문화를 넘어서 매우 큰 동질성을 지니고 있습니다. 그 건축적인 변화는 다른 어떠한 것보다도 느립니다. 그것은 어떠한 유행이나 문화적 경향을 만들어내지만 천천히 만들어지고 변화합니다. 그러나 추상적인 어휘의 의미는 관념적인 변화와 함께 매우 빠르게 변화합니다. 우리는 매우 격변하는 세계에 살고 있습니다. 그리고 추상적 어휘의 의미는 문화를 통일화시키기 보다는 문화를 분화시키고 있으며 다양하고 복합화되고 있습니다.

건축의 예술에 대한 추상적 개념은 논쟁을 불러일으킬 만한 소지가 있습니다. 오늘날 무엇이 예술이고 아니며 기술인지를 구분할 잣대를 가질 수 없기 때문입니다. 이론적으로 무엇이 건축적 작업이고 예술의 작업인가에 대한 실제적인 논쟁은 불가능합니다.

실제로, 이러한 논의들은 우리가 사물을 보는 방법과 세계를 보는 방법을 형상화합니다. 동시에 우리가 사고하는 방법을 형상화하며 그것들에 관하여 이야기하는 방법을 형상화합니다. 우리가 이 세계를 파악하고 체계화하는 것을 돕습니다. 건축을 한다는 것은 이 세계를 파악하고 체계화하는 것에 가깝습니다.

우리는 건축을 어떻게 받아들이고 이해하는 것입니까 ? 건축은 우리가 보는 것의 경험, 느끼고 듣고 냄새 맡는 것들을 포함하여, 다시 말하자면 볼륨의 기하학적 결과 그리고 표면의 에워쌈, 건물의 장식, 색채, 텍스쳐 ,연계, 투명성 등의 것, 그러므로 건축물의 모든 것을 일컫는다고 볼 수 있습니다. 두 번째는 우리가 무엇인가 하는 것입니다. 우리가 행위하고 경험하고 무엇인가 지속하는 것은 건축입니다. 누군가 무엇을 하는 것을 보는 것이기도 합니다. 우리가 구성원으로서 참가하거나 또는 관람자로서 참관하거나 모두 마찬가지입니다.

건축은 이미 언급한대로 살아가는 가운데 이루어지는 거의 모든 과정입니다. 우리는 끊임없이 삶의 내용을 반복하고 창조합니다. 만약 건축물이 세워져 있다면, 「거기서 무엇이 이루어지는가, 각각의 공간은 무엇을 위한 것인가, 건축물의 설비와 시설물, 가구와 공간의 구조는 어떠한가 ?」 등의 질문에 대한 답은 실제적인 이름으로부터 유추하게 됩니다. 간단히 우리는 그 기능을 알게 됩니다. 우리는 이것을 전체 건축물에 있어서 기능과 연관된 용어로서 사용합니다.

공항, 휘트니스센터, 박물관, 백화점, 터미널, 쇼핑몰, 극장 등으로 기술합니다. 그리고 개별적인 공간들로서 통로, 아트리움, 갤러리, 거실 등과 같은 용어를 사용합니다. 주어진 문화 내에서 각각의 단어들은 의미의 풍부한 의미의 누적을 지니고 있으며 다양한 가치를 전달합니다. 미술관 혹은 아트리움은 육체의 감각적인 진행을 의미하지 않습니다. 그러나 어휘로서 공간(space)은 인간, 사물, 장소, 사고 사이의 복잡한 관계를 가진 집합입니다. 그리고 그렇게 집합으로서의 필연성을 지니고 있는 행태와 문화를 의미입니다. 그러한 용어는 무엇이 존재하는가를 기술할 뿐만 아니라 무엇이 생겨날 수 있는 것을 제시합니다.

이루어진 그 어떠한 행위와 대상은 어떠한 장소에서 이루어졌다는 것이 분명합니다. 건축은 어떠한 공간에서 또는 어떠한 장소에서 이루어집니다. 다른 공간과 관련된 공간에서 그리고 그 밖의 외부공간에서 인접, 대응의 관계를 통하여 이뤄지고 그 공간은 기하학적이 아닌 위상학적인(topological) 관계를 가집니다. 그리고 건축물을 통하여 움직이거나 들어설 때와 같은 지속적인 경험의 과정들을 만들어냅니다.

공간은 그러한 건축적 구조 내의 깊은 곳에 존재할 수 있습니다. 매우 표면적인 것이기도 하고 어느 곳에도 존재할 수 있습니다. 우리는 거의 단번에 그것을 깨닫기도 하고 지나칠 수도 있습니다. 특히 출입로비와 같은 공간은 오직 하나의 동선을 통해서 도달할 수 있습니다. 공간은 어떠한 동선 위에 놓여 있습니다. 혹은 하나 또는 여러 개의 더 많은 선택적 회로에 의해서 도달할 수도 있습니다. 이 도시는 그러한 동선과 공간의 커다란 구조체입니다. 우리는 그것을 네트워크라고 부르는 것에 더 익숙합니다.

건축을 어떠한 실체로서 파악하고자 하는 사람들은 건축을 규정하는데 본질적인 질문을 계속해 왔습니다. 그렇게 얻어낸 해답은 형태, 기능, 구조, 공간, 시간 등의 다양한 결과를 만들어냈습니다. 특히 어떠한 장소와 연관이 되는 형태, 기능 그리고 공간. 각각은 가치있는 무엇인가를 의미해 왔습니다.

그러한 배경에서 우리 자신 (ourself)과 그 밖의 사람들 (others) 그리고 세계(the world)에 대해 무언가를 이야기하고 구분하고 구체화해 왔습니다. 건축은 깊은 수준에서, 나와 나 자신(self-to-self)은 어떻게 관련되어 지는가의 관계에 대하여 이야기하고 구체적으로 실현하고자 하였습니다. 우리 자신과 다른 사람들의 관계는 우리의 발전과 세계의 구체화의 과정입니다. 그리고 그것은 그 자체로서의 구조로서 나타났습니다.

우리의 가족을 경험하는 구조, 우정과 경쟁의 구조, 그리고 우리 자신의 일과 전문직업인으로의 삶의 구조가 함께 존재합니다. 즉 자아와 존재하는 모든 것과의 구조는 우리 주변의 다른 사람들과 함께 사고, 자연, 과학, 사회, 명백한 종교적 믿음과 관계 맺기 위한 것이며 그 관계를 정립하는 것이 바로 삶이고 건축물로 나타났습니다. 나아가 실존적인 무질서로 벗어나 삶의 의미를 찾기 위해 투쟁하고 있는 그 우주와 관계 맺고자 시도하는 것입니다.

우리가 살아간다는 것은 이 세계의 질서를 창조하는 것입니다. 그리고 보이는 모든 것은 그 삶의 과정에서 생산되는 것입니다.우리가 살고 있는 마을, 길, 건물, 논, 제방 . . .

SANAA. House A. Tokyo. 2006.

관계의 힘

건축을 경험한다는 것은 건축이 가진 모든 요소들의 관계를 경험하는 것이며 우리가 살아가면서 느끼는 감정과 이해를 파악하는 것입니다. 그리고 우리 자신과 건축적 환경 사이에서 일어나는 상호작용을 이해하는 것입니다. 가장 명확한 사실은 그러한 건축 경험은 그 당시의 그 건축 환경에서만 가능한 한정적인 공명이라는 것입니다. 그 관계의 경험은 상호조응의 조율로부터 생겨나는 다양한 힘과 관련이 있습니다. 그 힘을 만들어내는 것은 동선, 에너지, 시간, 안전, 통제, 정보 등의 관계이며 우리는 그러한 요소의 관계에 공명합니다.

이것은 몫을 나누는 것과 같습니다. 이 곳의 관계가 많으면 저 곳의 관계는 적어집니다. 이러한 요소들 사이에 생겨나는 힘의 연관관계는 건축물의 장소를 결정하고, 배치의 상태 그리고 그 결과로서 대지의 가치를 결정합니다. 그 힘은 권력이기도 하고 관심이기도 하고 영향력을 발휘하는 모든 요소입니다. 힘의 관계는 개인과 집단에 할당한 공간의 관계적 크기를 결정합니다. 디자인과 건물의 관리에 관한 정보의 분산, 그리고 형태적인 심상을 결정합니다.

그러한 힘과 그 힘을 통제하는 것은 개인과 집단의 공간적인 위치를 결정할 뿐 아니라 사회가 가진 선택의 우열을 결정합니다. 외부인지 아닌지, 공간은 서로 어떠한 관계를 갖는지, 통로의 선택, 가장 주된 커뮤니케이션의 회선과 같은 관점에서 결과가 결정됩니다. 역할, 권위, 위계, 근원의 통제는 관계들을 건축적 형태로 변화시키는 도구들이기도 합니다.

그러므로 힘(권력)의 근원은 정의(justice)입니다. 그러한 힘을 반영하고 구분하고 통제하고 혹은 생산하는 수단은 이 사회 내에서 정의롭게 (justly) 분배되거나 혹은 정의 없이(unjustly) 분배됩니다. 그러나 정의(justice)는 관계의 다른 경험들과는 관계가 없습니다. 즉 우정, 시인이나 이론가들이 일컫는 사랑, 정치적인 연대, 그리고 커뮤니티의 형성 등과는 관계가 없습니다. 이러한 점에서 건축에서의 관심의 대상인 힘은 하나의 이익을 쪼개서 나누는 것이 아닙니다. 사실 그와는 반대입니다. 그 유대가 강할수록 감정적으로 나눌 것은 더 많아지는 것이며 건축적인 요소의 상호관계가 증대될수록 더 나은 다양한 의미를 생산합니다.

그 가능성은 더 이상 한정적이지 않습니다. 그러한 유대는 더 이상 한계를 지니고 있지 않습니다. 건축에서의 형태, 기능, 그리고 공간의 구조는 이러한 긴밀한 연대의 형성을 고무시키고, 표현하고, 공간을 부여 혹은 유지하고 거부하기도 합니다. 특정한 건축적 이미지는 이 관계를 상징화할 수도 있습니다. 기능은 가능성이 열려 있음에 바탕을 두고 있으며, 정의하기에 용이한 프로그램에 우선합니다. 공간은 개인, 그리고 개인과 집단이 폭넓은 다양성 사이에서 가능한 한 자유로운 커뮤니케이션과 선택, 결속과 우호관계가 생겨나는 곳에서 관계를 형성합니다. 공간은 개개인의 유대와 감정을 벗어나 존재할 수 없습니다. 또한 이성적인 판단과 존재적인 자기 확인을 통하여 생겨납니다. 왜냐하면 공간은 <나>를 제외하고 생성될 수 없기 때문입니다.

이러한 유대에 반대하여 완전히 차단하는 구조물을 지니거나 전혀 장벽이 없는 건축물을 만드는 것은 불가능합니다. 그러한 건축물은 아마도 상상에서나 가능한 건축물일 것입니다. 모든 건축은 힘과 유대관계를 견고히 합니다. 다시 말하면, 건축은 근원과 유대가 생겨나게 하고 동시에 억제할 수 있는 장소를 통제하는 가장 실체적인 도구입니다. 작은 주택이건 상점이건간에 건축물의 후원자는 토지, 금전, 노동력, 도구, 기계, 재료 등으로 건축적 자원에 가장 직접적으로 접근할 수 있는 사람입니다.

역사는 또한 정치적인 힘을 가진 사람이 그 자원에 쉽게 접근하고 있음을 보여줍니다. 그들의 거대한 자본은 공공연하게 안전하게 그림을 전시하고, 헬스 서비스 시설을 운영하고, 반도체를 생산하고, 아이들을 가르치는 건축뿐만 아니라, 그들의 힘의 토대가 되는 사회적 관계를 통제하려는 목적으로 무수한 건축적 시도와 변형된 목적을 가시화합니다. 또 이데올로기는 여기에서 예술, 건강, 생산, 혹은 교육 등의 정립에 관여합니다. 그 때문에 특별한 전문가적 집단의 지위를 강화시키고 생산의 통제권은 그러한 자본과 권력에 근거한 소유권에 속하게 됩니다. 그러므로 오늘날 권력과 자본은 사회를 통제하고 자신의 목적을 실현하는 일차적인 가치가 되어 왔습니다.

이것은 일반적으로 정치의 문제가 아닙니다. 그러나 그러한 사실은 어떠한 건축이 디자인되고 만들어지는가에 대하여 영향을 미칠 수 있습니다. 그리고 건축이 성립되는 배경을 구축합니다. 모든 건축물의 디자인, 생산, 운영 그리고 그와 관련된 모든 사소한 일들은 어쩔 수 없이 권력이라는 극장의 무대에 끌어올려지고 건축을 하는 사람들은 더 많은 어려움에 노출됩니다. 그리고 거의 예외없이 권력의 불균형적인 분배를 강제합니다.

그것은 필연적으로 유대가 갖는 장면들입니다. 그러나 유대는 불균형적인 힘을 통하여 생성되고 확대되고 그러한 간격을 침식해 들어가므로 건축물은 자유와 열려있는 목적들, 자유로운 선택, 그리고 용이한 유대형성에 필요한 예측불가능성을 제한받으며 총체적으로 통제되는 다양한 규제에 놓여 있습니다. 그러한 다양한 규제와 규칙 그리고 원리들은 유대관계를 분리시키고, 분류하고, 통제하고, 형식화하고자 합니다.

도시는 자본, 기술, 커뮤니케이션, 정치, 권력 . . . 힘이 존재합니다. 이러한 힘의 관계를 통하여 우리는 보이는 물리적인 한계로서의 공간과 보이지 않는 관계로서 설정되는 공간을 함께 경험합니다. 이 도시에는 수많은 주체와 장소들이 서로 통로에 의하여 얽혀 있습니다. 전체 관계의 이해는 바로 그러한 사회문화적인 힘의 관계를 결정하는 것이고 그 결정은 건축과 도시를 창조했습니다. 그러한 도시의 내부는 수많은 규제와 통제에 놓여 있습니다. 흔히 우리가 올바르거나 훌륭하다고 여기는 건축환경을 결정하는 사회의 의식과 선택에 의하여 통제의 규칙들이 결정되어 왔습니다.

행복한 건축

오늘날 우리는 생산보다는 소비에 가깝고 교환에 의한 상대적 부가가치를 통하여 더 많은 이익을 얻고자 합니다. 우리는 더 큰 부와 가치를 생산하는 곳에 모여 그 안에서 자신이 필요한 금전적 가치를 얻고자 합니다. 우리는 대부분 무엇인가를 생산을 통하여 가치를 얻는 것이 아닙니다. 우리는 이 도시에 처음 모인 것처럼 더 많은 교환의 가치를 통하여 이익을 남기고 그 안에서 생겨나는 다양한 부가가치와 일자리를 공유하길 원합니다. 그러므로 이 나라의 대부분의 부가가치를 생산하는 서울에 많은 사람들이 모이게 되는 것입니다.

이 도시에서 스스로 무엇인가를 생산하고 생산한 것을 다른 무엇인가와 교환하거나 돈으로 교환하여 삶을 유지하는 사람은 거의 없습니다. 우리는 어딘가에 속하여 자신의 시간과 노동력을 대신 교환합니다. 좋은 의미로 자신의 능력과 가치를 또 다른 가치와 교환하며 살아가는데 필요한 것을 구입합니다. 자신의 일을 스스로 선택하고 어떠한 작은 상점이나 회사를 꾸리는 사람들, 작지만 자신의 삶을 꾸리는 사람이 아니라면 우리는 다른 거대한 이익을 생산하는 조직의 일원이 되어야만 합니다. 그렇게 해서 우리는 더 큰 이익을 남기고 많은 일을 하게 되는 더 큰 기업과 조직에 속하고자 합니다.

근본적으로 그 모든 이익과 가치는 교환을 통해서 생산되는 가치만으로는 유지될 수 없습니다. 우리는 항상 생산해야 하고 그 최초의 생산을 통하여 가치를 만들어냅니다. 그것은 모든 삶이 가진 가치 역시 마찬가지입니다. 아무리 멋지고 훌륭한 집을 사고 값비싼 가구들을 골라 들여놓는다고 하지만 그것으로 삶이 아름답거나 자신의 거처가 훌륭해질 수는 없습니다. 우리가 가질 수 있고 원하는 것은 모두가 적정한 시간과 역사를 필요로 합니다. 그리고 그것은 우리 스스로 생산하고 가꾸어낼 수 있어야만 합니다. 건축은 그러한 모든 것 가운데 가장 중요하고 다른 어떠한 것보다 더 근본적인 삶의 무대를 창조하는 것입니다. 그것은 개인으로서 혹은 한 사회가 건강한 구성원의 내적 안정을 유지하는데 절실히 필요한 것이기도 합니다.

사회의 안전과 유지를 위하여 개개의 구성원은 공동체의 규정과 역할을 준수합니다. 동시에 구성원 모두는 스스로 자신의 삶의 가장 안정된 거처를 생산하고 가꾸고 유지할 수 있어야만 합니다. 그러한 구성원의 안정은 한 사회가 그 구성원을 재생산하고 가치를 끊임없이 생산하는 근거입니다. 개인이 자신의 삶을 스스로 구체화하고 생산할 수 있는 여건을 건축할 수 있다는 것은 단순히 물리적 구조물을 생산하는 것만이 아닙니다. 이미 언급하였듯이 다양한 내용과 가치를 생산하는 것입니다.

많은 사람들이 스스로 생산할 수 없다면 개인은 끊임없이 자신을 소비시켜 가면서 필요한 가치를 교환하는 삶을 살아야만 할 것입니다. 기업이나 누군가의 일, 혹은 상점이나 식당에서 일하면서 자신의 노동력을 제공하고 대가를 얻는 삶을 지속해야만 할 것입니다. 그러나 자신이 스스로 무엇인가 가치있는 것을 생산하고 또 그러한 생산을 통하여 삶을 유지할 수 있다면 그러한 끊임없는 자신의 소진으로부터 벗어나 무언가 의미있는 것을 하면서 살 수 있게 됩니다.

그러한 사고는 건축하는 것과 다르지 않습니다. 궁극적으로 개인의 행복과 조직의 행복이 동등하고 상호보완적인 삶을 사는 것이 이상적이라고 할 수 있습니다. 그것이 바로 건축이 의미있는 이유이기도 합니다.

신사동 가로수길

모든 사람이 자신이 가장 행복하게 느끼는 것을 통하여 스스로의 가치를 확인하고 생산할 수 있다는 것은 가장 중요한 삶의 본질이고 기쁨입니다. 누구나 자신의 삶을 위하여 자신 스스로 가장 가치있는 것을 생산할 수 있어야만 합니다. 자신이 좋아서 하는 일, 요리를 하고, 생활용품을 만들거나 그것을 팔고 옷을 만들고 근사한 가구나 아름다운 작품을 만들고 연주를 하거나 훌륭한 식당을 운영하거나 모두 자신에게 적절한 일을 시작할 수 있다는 것이 중요합니다.

건축은 살아가는 것과 가장 가까운 것을 스스로 생산하는 것이며 가장 근본적인 것을 생산하는 것입니다. 그러한 건축은 행복과 함께 개인에게 미래와 삶의 통제와 목적은 물론이며 스스로 가꾸고 누릴 수 있는 자신만의 삶을 선사합니다. 건축한다는 것은 스스로 삶을 꾸려나가는 것과 다르지 않습니다.

신사동 가로수길

건축과 문화

우리가 가끔씩 찾아가는 바닷가, 모래사장 그리고 멀리 보이는 항구의 불빛까지도 모두 건축을 통하여 구현하는 환경이고 우리가 기대하는 무대입니다. 건축은 우리가 이 세계를 사는 동안 계속될 것입니다. 그러므로 건축은 우리가 언제나 경험하고 창조하는 것으로 남을 것입니다. 우리는 실제로 이 세계를 변화시키는 주체이고 올바른 개인으로 성장할 수 있습니다. 건축은 나와 세계 그리고 상호관계를 정립합니다. 드넓은 들판, 정원, 마루, 나의 방, 화장실, 슈퍼마켓, 편의점, 극장까지 건축은 나와의 관계를 설정합니다. 그러한 관계는 내가 속한 가족, 조직, 지역사회, 공동체와 사회가 요구하는 문화와 규정에 의하여 결정됩니다. 건축을 안다는 것은 우리시대와 문화 그리고 역사를 알게 해 줍니다.

거의 모든 삶의 이벤트와 활동 그리고 그 결과물은 건축이라는 무대에서 구체화됩니다. 그러므로 그것은 우리가 생산할 수 있는 모든 것을 담게 됩니다. 건축을 한다는 것은 이 세계에 문화를 창조하고 유지하는 것이기도 합니다. 건축은 그것을 가능하게 합니다.

속초 해수욕장

이 도시는 앞으로도 창조될 것이고 변화할 것입니다. 그 주인공은 우리 자신이고 매일매일 이 안에서 생활합니다. 건축은 생존의 은신처이고 안전한 삶의 무대이자 개인의 안정된 장소입니다. 우리는 모두가 자신의 자아를 실현하고 존중받기 위하여 스스로의 환경을 관리하고 선택하고 지배합니다. 그 가운데 아름다움을 찾고자 합니다. 그 안에서 안정, 사랑, 우정, 가족, 연인, 행복, 기쁨, 만족, 평안을 얻고자 합니다. 건축은 보이는 것 뿐만 아니라 보이지 않는 가치 역시 담고 있습니다.

건축은 그 안에서 시간을 유지하는 개개인의 삶이고 문화입니다. 하루 하루 무언가를 하고 계획하고 움직이는 동안 우리가 주변을 기억하고 확인하는 것이 장소이고 공간이고 건축입니다. 좀더 아름답고 훌륭한 건축을 꿈꾸는 우리는 건축이 예술이 될 수 있다고 생각합니다. 우리는 모두 건축가이고 또 예술가가 될 수 있습니다. 삶을 개척하고 가꾸고 만들어냅니다. 그리고 그것이 그 어떠한 것 보다 아름답기를 기원합니다. 그러므로 모두 예술가가 될 수 있습니다. 이 책을 통하여 바라는 것은 건축이 우리가 생활하는데 너무나 밀접하고 누구에게나 가까운 것이라는 것입니다. 건축은 누구나 하고 있고 누구나 할 수 있는 일입니다.

남산에서 보는 서울

찾아보기

찾아보기는 이 책이 직선적인 서술의 연속 이상으로 확장될 수 있음을 보여줍니다. 동일한 의미가 다양한 페이지에 나타나고 모든 내용들이 거대한 그물망을 구성하고 있다는 것을 확인시켜 줍니다. 우리는 찾아보기를 통하여 이 글 전체를 꿰고 있는 의미들의 연결 고리를 제시합니다. 이 책에는 아주 많은 내용들이 서로 하나로 묶여 있습니다. 그리고 그 모두가 책 내에 다양한 층위와 의미의 복합성을 확인시켜 줍니다. 모든 책은 나름의 차례를 가지고 있습니다. 표지, 머릿글, 목차, 본문, 찾아보기, 참고문헌 그리고 본문은 제시된 차례대로 서술됩니다. 이러한 형식은 텍스트의 구조이고 글이 갖는 의미, 책이 갖는 의미, 그리고 다양한 가능성을 고정시켜 놓은 것입니다. 찾아보기는 그러므로 이 책이 가지고 있는 내적 구조를 확장시켜 줍니다. 여러분은 하나 하나 새로운 내용을 확인하면서 새로운 의미와 새로운 사고의 길을 찾을 수 있습니다.

참고문헌

이 책은 세상에 한 번도 없었던 이야기를 써낸 새로운 책이 아닙니다. 이 책은 수많은 철학자와 건축이론가, 미학자, 사회학자, 건축가를 포함하여 위대한 인류가 이룩해 놓은 결과를 이해하기 쉽게 쓴 것입니다. 사실상 새로운 것은 하나도 없다고 할 수 있습니다. 이 책에 나타나는 거대한 의미의 바다는 단지 넘치는 것만이 아닙니다. 그것은 우리가 살고 있는 세계 전체이고 항상 접하는 이야기입니다. 그 이야기들은 다음과 같은 훌륭한 선험자들의 서적을 통하여 도움을 받았습니다. 여러분이 이 책을 통하여 더욱 위대한 정신과 만날 수 있기를 바랍니다.

이정우. 개념-뿌리들. 철학아카데미. 2004.
장정제. 자유로운 건축 개념의 구조로서 건축. 시공문화사. 2007.
장정제. 개념의 구조로서 건축 I 창조적 사고와 디자인의 도전. 시공문화사. 2008.
장정제. 개념의 구조로서 건축 II 건축과 도시의 상호작용. 시공문화사. 2008.
장정제. 아름다운 건축 인간이 꿈꾸는 건축 건축이 그려내는 도시. 시공문화사. 2008.
장정제. 현대건축의 사고.시공문화사. 2008.
장정제. 건축제도의 이해. 시공문화사. 2008.
장정제. 알기쉬운 건축. 건축을모르는내아내와학생들도이해하는건축이야기. 2008.

Alan Chalmers. 신중섭 외 譯. 과학이란 무엇인가 ?. 서광사. 2003.
Alex Sanchez Vidiella. The Source book of Contemporary Architecture. 2007.
Andreas Schunider. 김경균 譯. 정보디자인. 정보공학. 2006.
Ben Farmer. Companion to Contemporary Architecture. Routledge 1991.
Benister Fletcher. A history of Architecture. Achitectural Press. 1996.
Bruno Zevi. 최종현 譯. 공간으로서의 건축. 세진사. 1998.
Bruce Goldstein. 정찬섭 외 譯. 감각과 지각. 시그마프레스. 2000.
Camillo Sitte. 손세욱 외 譯. 도시건축미학. 태림문화사. 2007.
Chales Jencks. The New Paradigm in Architecture. Yele Univ. 2002.
C .Norberg Schultz. 정영주 외 譯. 서양건축의 본질적 의미. 세진사.1994.
Christian Norberg Schulz. 민경호 외 譯. 장소의 혼. 태림문화사. 1998.
Christian Norberg Schulz. 진경돈 외 譯. 건축의 의미와 장소성. 시공문화사. 1999.
David Micheal Levin. 정성철 외 譯. 시각의 헤게모니. 시각과 언어. 2003.
David Watkin. 우동선 譯. 건축사학사. 시공사 1997.
Edward T. Hall. 김광문 외 譯. The Hidden Dimention. 세진사. 1988.
Erwin Panofsky. 이한순 譯. Studies in Iconology. 시공사. 2002.

Farchid Moussavi. The Function of Ornament. ACTAR. 2007.
George A Miller. 강범모 외 譯. 언어의 과학. 민음사. 1998.
Georges Nataf. 김정란 譯. 상징 기호 표지. 열화당. 1995.
Gilles Deleuze. 이정우 譯. 의미의 논리. 한길사. 1999.
Hans Ibelings The Artificial Landscape. NAI. 2002.
Hans Sedlmayr. 박래경 譯. Verlust Der Mitte. 중심의 상실. 문예출판사. 2002.
Heinrich Rombach. 전동진 譯. 살아있는 구조. 서광사. 2004.
Helmut Seiffert. 전영삼 譯. 학의 방법론 입문 I, II. 교보문고. 1992.
Henri Refebvre. 이종민 譯. 모더니티입문. 동문선. 2003.
Jack Tresidder. 김병화 譯. 상징이야기. 도솔. 2007.
Jean Baudrillard. 하태환 譯. 시뮬라시옹. 민음사. 2002.
James F. O.Gorman. 김은중 譯. 건축의 ABC 이경훈. 국제. 2004.
Loger K Lewes. 류종우 譯. 건축가. 화영사. 1998.
Marc Aronson. 장석봉 譯. ART Attack. E 이후. 2007.
Monroe C. Beardsley. 이성훈 외 譯. 미학사. 이론과 실천. 1995.
MVRDV. KM3. ACTAR. 2005.
Norman Brison. 김융희 譯. 기호학과 시각예술. 시각과 언어. 2002.
Patrick Nuttgens. 윤길순 譯. The Story of Architecture. 동녘. 2001.
Paul Whitney. 이승복 외 譯. 언어심리학. 시그마프레스. 1999.
Phillip Johnson. 최종현 譯. 국제주의 양식의 건축. 세진사. 1994.
Pierre Bourdieu. 하태환 譯. 예술의 규칙. 동문선. 2002.
Pierre von Meiss. 정인하 외 譯. 형태로부터 장소로. 시공문화사. 2000.
Ralph Stephenson. 송도익 譯 예술로서의 영화. 열화당. 2005.
Ray Jackendoff. 김종복 외 譯. 언어의 본질. 박이정. 2004.
Riley Bergdoll. Mies in Berlin. MOMA. 2000.
Roger Scruton. 김경수 譯 Aesthetic of Architecture. 기문당. 1992.
Rudolf Arnheim. 정용도 譯. The Power of Center. 눈빛. 1995.
Sasaki Ken-ichi. 민주식 譯. 미학사전. 동문선. 2002.
Stanley Abercrobie. 김종현 譯. Architecture as Art. 세진사. 1994.
Sten Eider Rasmussen. 건축예술의 체득. 야정문화사. 2007.
Steven Pinker. 김한영 외 譯. 언어본능. 그린비. 1995.
Steven Pinker. 김한영 譯. The Blank Slate. 사이언스북스. 2005.
Udo Kulterman. 김문환 譯. 예술이론의 역사. 문예출판사. 2000.
Umberto Eco. 서우석 譯. 기호학의 이해. 문학과지성사. 1999.
Umberto Eco. 미의 역사. 열린책들. 2005.
Vitruvius. 오덕성 譯. 건축십서. 기문당. 1996.
Wayne Attoe. 이동건 외 譯. 건축과비평. 두영. 1997.
Zwlanski Fisher. 김현중 외 譯. 디자인 원리. 도서출판 국제. 2005.

알기쉬운 건축2 생활속의 건축이야기

2010년 12월 15일 1쇄 발행

저 조영배 · 변대중 · 장정제 | 발행인 김기현

발행처 ***Spacetime*** · 시공문화사 | 등록 1993.3.12

편집디자인 시공문화사 | 인쇄 예림인쇄사

제본 문종문화사 | 용지 대림지업(주)

120-796 서울시 서대문구 현저동 200

전화 02-3147-1212 | 팩스 02-3147-2626

ISBN 978-89-0000-000-0

정가 12,000원